Jens-Uwe Meyer

Kreativ trotz Krawatte

Vom Manager zum Katalysator – Wie Sie eine Innovationskultur aufbauen

BusinessVillage
Update your Knowledge!

Jens-Uwe Meyer
Kreativ trotz Krawatte
Vom Manager zum Katalysator – Wie Sie eine Innovationskultur aufbauen
2. Auflage 2014
© BusinessVillage GmbH, Göttingen

Bestellnummern
Druckausgabe Bestellnummer PB–836
ISBN 978-3-86980-073-8
E-Book EB–836
ISBN 978-3-86980-074-5

Bezugs– und Verlagsanschrift
BusinessVillage GmbH
Reinhäuser Landstraße 22
37083 Göttingen
Telefon: +49 (0)5 51 20 99–1 00
Fax: +49 (0)5 51 20 99–1 05
E-Mail: info@businessvillage.de
Web: www.businessvillage.de

Layout und Satz
Sabine Kempke

Illustration
Umschlag (Krawatte): Birqit Reitz-Hofmann, fotolia
Grafiken: Paul Schweidler, Kay Pingel
Cartoons: Roger Schmidt

Druck und Bindung
booksfactory.de

Inhalt

Über den Autor

Wenn es darum geht, Kreativität in Unternehmen zu verankern, ist Jens-Uwe Meyer Deutschlands profiliertester Experte. In mehr als zehn Jahren hat er weit über hundert Unternehmen – darunter namhafte DAX 30-Unternehmen und internationale Konzerne – zu strategischer Ideenentwicklung und dem Aufbau einer Innovationskultur beraten. Er ist Autor von sechs Büchern und mehr als vierzig Fachartikeln zum Thema. Jens-Uwe Meyer hat Europas ersten Lehrauftrag für Corporate Creativity: Er unterrichtet Manager im MBA-Studium in neuen Führungstechniken und Unternehmensstrukturen. Zusammen mit dem Lehrstuhl für strategisches Management an der Handelshochschule Leipzig führt er regelmäßig Studien durch: Zuletzt untersuchte er die kreativen Denkstrukturen der weltweit innovativsten Unternehmen und den betriebswirtschaftlichen Nutzen von Kreativität.

So ungewöhnlich wie seine Denkweise ist auch sein Lebenslauf. Er war Polizeikommissar in Hamburg, wo er unter anderem auf der Hamburger Davidwache und bei der Rauschgiftfahndung im Einsatz war. Später wechselte er zum Fernsehen: Er war ProSieben-Studioleiter in Jerusalem und Washington. Als Chefreporter berichtete er live aus mehr als fünfundzwanzig Ländern. Managementerfahrung sammelte er als Chefredakteur der Jugendwelle MDR JUMP und als Programmdirektor beim privaten Radiosender Antenne Thüringen. In den Medien machte er sich auch als Fachbuchautor für strategisches Medienmanagement einen Namen.

Kontakt zum Autor

Jens-Uwe Meyer
Die Ideeologen – Gesellschaft für neue Ideen mbH
Web: www.ideeologen.de
E-Mail: meyer@ideeologen.de
Telefon: +49 (0)7 00-IDEENRUF (43 33 67 83)

Bücher von Jens-Uwe Meyer

Journalistische Kreativität, UVK-Verlag, 2003/2008. Das Fachbuch für Journalisten zeigt, wie sich kreatives Denken in Redaktionen und Medienunternehmen etablieren lässt.

Radio-Strategie, UVK-Verlag, 2007. Ein Strategiebuch für das Programmmanagement, das kreative Strategien vorstellt.

Kreative PR, UVK-Verlag, 2007. Strategien für kreative und überraschende Medienarbeit.

Fest im Sattel, Insider-Strategien zur Jobsicherung. Campus-Verlag, 2007.

Das Edison-Prinzip, Die kreativen Denktechniken des genialsten Erfinders aller Zeiten. Campus-Verlag, 2007.

Einleitung:
Was Manager mit Kreativität
zu tun haben

„Das einzige Betriebskapital von Microsoft ist die menschliche Phantasie."

Fred Moody, New York Times Magazine

Am Anfang jeder erfolgreichen Innovation stehen neue Ideen. Außergewöhnliche Ideen. Geniale Ideen. Von Ihnen als Manager wird mehr und mehr verlangt, dass Sie diese genialen Ideen entwickeln. Immer häufiger müssen Sie den Status quo über den Haufen werfen, Produkte und Dienstleistungen von morgen vordenken, neue Geschäftsmodelle und Prozesse entwickeln. Denn Unternehmen stehen unter einem enormem Innovationsdruck: Die geniale Idee von heute ist der alte Hut von morgen. Ob Produkte, Dienstleistungen oder Geschäftsmodelle: Was heute neu ist, wird morgen kopiert. Der Lebenszyklus von neuen Ideen ist kurz. Und er wird immer kürzer. Ideen werden zum wichtigsten Kapital, das die Wirtschaft antreibt. Als Manager werden Sie deshalb immer mehr an Ihren Ideen gemessen! Nicht nur der Return on Investment zählt, sondern der Return on Ideas. Heute und in der Zukunft werden Sie neue Fragen beantworten müssen: Was macht Mitarbeiter kreativ? Wie können Unternehmen zur Brutstätte neuer Ideen werden? Diese Fragen gewinnen mehr und mehr an Bedeutung. Nie zuvor wurde so viel über Innovation geredet und wie nie zuvor haben sich vom mittelständischen Unternehmen bis zum Großkonzern ganze Heerscharen von Mitarbeitern mit der Frage beschäftigt, wie im Unternehmen neue Ideen entstehen. Denn Ideen sind das Kapital der Zukunft.

Wahrscheinlich haben Sie das schon einmal in der Fachliteratur gelesen und Sie sagen sich: „Ich weiß ja, dass ich anders denken und anders führen muss. Aber wie soll ich das tun?" Ihnen fehlen die Werkzeuge. Denn als Manager haben Sie vieles gelernt: Wie Sie Märkte und Kennzahlen analysieren, Mitarbeiter führen und Strategien entwickeln, Prozesse aufsetzen und Managementtools verwenden. Doch eine wichtige Disziplin wird erst langsam als Lehrgebiet an Managementschulen entdeckt: Corporate Creativity. Die Fähigkeit eines Unternehmens, Ideen zu entwickeln. Das dazu notwendige Instrumentarium wird im Management (noch) nicht gelehrt. Die Professoren Alan G. Robinson von der University of Massachusetts und Sam Stern von der Oregon State University haben schon Ende der Neunzigerjahre nüchtern festgestellt:

> *„Manager und Führungskräfte in den meisten Unternehmen sind sich darüber bewusst, dass das kreative Potenzial in ihrem Unternehmen bei weitem ihre kreative Performance übersteigt. Das Problem ist, dass sie nicht wissen, was zu tun ist.“*

Das war der Grund, warum wir das Lehrgebiet Corporate Creativity Ende 2007 im Rahmen des MBA-Curriculums an der Handelshochschule Leipzig eingeführt haben. Mit dem Ziel, Kreativität in Unternehmen auf Basis fundierter Lehrmethoden und wissenschaftlicher Studien zu verankern. Und mit dem Anspruch, selbst zu forschen und Managementkonzepte zu entwickeln, die Führungskräfte – vom Teamleiter bis zum Vorstand – dabei unterstützen, eine kreative Unternehmenskultur zu etablieren. Und das war der Grund, warum wir ein Beratungsunternehmen gegründet haben, um Unternehmen dabei zu unterstützen, das als Wettbewerbsvorteil zu nutzen, was in den USA seit mehreren Jahren als „Corporate Creativity" fest in Unternehmen verankert ist.

Corporate Creativity erfordert Managementkonzepte und Organisationsstrukturen abseits der eingefahrenen Bahnen. Damit Ideen entstehen und wachsen können, brauchen Unternehmen – wie es der anerkannte Strategieautor Robert M. Grant nennt – eine *„parallele Struktur"*: Grundsätzlich verschiedene Herangehensweisen an operative und kreative Aufgaben. Der Großteil klassischer Unternehmensstrukturen und Managementkonzepte ist dafür ungeeignet.

Abbildung 1:
Ideen auf Knopfdruck führen nur zu
mehr Ausschuss

„Selbst Unternehmen, die alle richtigen Prozesse, Abläufe und Strukturen haben, sind häufig nicht in der Lage, kreativ zu sein", schreibt Bettina von Stamm in ihrem Buch *Managing Innovation, Design & Creativity*. Warum? Weil diese Prozesse, Abläufe und Strukturen nicht dafür entwickelt wurden, kreative Prozesse zu fördern. *„Kreativität wird viel häufiger ge-*

tötet als gefördert", so Teresa Amabile von der Harvard Universität, die seit mehr als dreißig Jahren den Zusammenhang zwischen Kreativität und Arbeitsstrukturen untersucht. *„Meistens geschieht das nicht, weil Manager eine Aversion gegen Kreativität haben. Im Gegenteil: Viele glauben an den Wert von neuen und nützlichen Ideen. Allerdings wird Kreativität unabsichtlich jeden Tag durch eine Arbeitsatmosphäre unterlaufen, die – aus guten Gründen – zur Maximierung geschäftlicher Notwendigkeiten wie Koordination, Kontrolle und Produktivität errichtet wurde. Um ihre geschäftlichen Ziele zu erreichen, entwickeln sie Organisationen, die systematisch Kreativität zerstören. "*

Alan G. Robinson und Sam Stern kamen zu ihren radikalen Thesen, nachdem sie über mehrere Jahre hinweg Systeme und Strukturen in Unternehmen weltweit miteinander verglichen hatten. Sie sind der Frage nachgegangen, woher revolutionäre neue Ideen stammen. Aus den klar definierten Managementprozessen, die sie in vielen Unternehmen vorfanden? Mitnichten. Diese genau definierten Prozesse, so die Forscher, seien eines der Hauptprobleme des Managements beim Umgang mit dem Thema Ideenfindung. Unternehmen versuchen, kreative Prozesse mit den gleichen Instrumenten zu steuern, mit denen sie normale Geschäftsprozesse steuern. Doch Ideenfindung ist kein normaler Prozess. Denkprozesse folgen einer anderen Logik als Produktionsprozesse. Und sie lassen sich nicht mit den herkömmlichen Methoden rationalisieren und berechnen.

Dieses Buch ist ein praktischer Ratgeber, keine wissenschaftliche Abhandlung. Dennoch werde ich Ihnen immer wieder Ergebnisse aus Studien vorstellen, damit Sie handfeste Argumente haben. Denn Sie werden beim Versuch, Strukturen zu ändern und andere Arbeitsweisen einzuführen, immer wieder auf Granit beißen. Sie werden – wenn Sie mit ungewöhnlichen Wegen Ungewöhnliches erreichen wollen – so lange belächelt, bis Sie beweisen, dass Sie damit bessere Ergebnisse erzielen. In diesem Buch steckt die Erfahrung aus knapp hundert Prozessen und weit mehr als 300 Workshops und Seminaren, die wir mit verschiedensten Unternehmen auf allen

Ebenen durchgeführt haben: Es waren internationale Konzerne, die dabei waren, eine Innovationskultur aufzubauen und zu fördern, DAX 30-Unternehmen, die kreative Entwicklungsprozesse in ihre Strukturen verankert haben, mittelständische Unternehmen, die kontinuierlich Ideen für neue Produkte, Dienstleistungen und Geschäftsmodelle entwickeln wollten, und Firmen der Kreativbranche, deren Kreativität praktisch zum Erliegen gekommen war. Es waren Teilnehmer vom Arbeiter in der Produktion bis zum Vorstand. In den letzten zehn Jahren haben wir mit fast 5.000 Menschen aus diesen Unternehmen intensive Gespräche darüber geführt, wie sie Kreativität am Arbeitsplatz erleben, was Ideenentwicklung fördert oder behindert und welche Faktoren die Voraussetzung für innovative Denkprozesse sind. Unseren Wissensaufbau haben wir durch Studien untermauert, die Sie in diesem Buch kennenlernen werden.

Noch ein kurzer Hinweis: Sie werden in diesem Buch immer wieder von Managern lesen, nicht von Managerinnen. Und auch von Mitarbeitern, nicht von Mitarbeiterinnen. In der Manuskriptphase habe ich mit unterschiedlichsten Formen experimentiert, um beiden Geschlechtern gerecht zu werden. Bis ich irgendwann aufgegeben habe, weil die politisch korrekten Dopplungen „Manager und Managerinnen" beziehungsweise „ManagerInnen" auf Dauer albern aussahen. Also, damit kein Missverständnis aufkommt: Mit dem Wort „Manager" sind Männer und Frauen gemeint, mit dem Wort „Mitarbeiter" ebenfalls.

Dieses Buch zeigt Ihnen, wie Sie mit ungewöhnlichen Denkwegen in Ihrem Unternehmen Ungewöhnliches kreieren. Sie erfahren, wie Sie eingefahrene Strukturen aufbrechen, die schlafenden Hunde in Ihrem Team wecken und zu kreativen Spitzenleistungen bringen. Und Sie lernen Wege kennen, auch außergewöhnliche Ideen in den Strukturen Ihres Unternehmens durchzusetzen.

1.
Corporate Creativity:
Was die weltweit innovativsten
Unternehmen anders machen

Wie sieht eine Innovationskultur aus, die einzigartige Wettbewerbsvorteile schafft? Und ist es überhaupt die Innovationskultur eines Unternehmens, die diese Wettbewerbsvorteile schafft? Oder braucht ein Unternehmen in erster Linie gut durchdachte Tools und Prozesse, mit denen Kreativität gefördert werden kann? Mit diesen Fragen haben wir uns 2009 und 2010 im Rahmen einer Studie auseinandergesetzt, die ich Ihnen in diesem Kapitel vorstellen möchte. Ziel der Studie war es herauszufinden, was die weltweit innovativsten Unternehmen tun, um Kreativität in ihren Organisationen zu fördern, und welche Unternehmens- und Arbeitsstrukturen sie dazu geschaffen haben. Man kann es auch anders formulieren: Was machen Apple, Google und Nike anders als ein Großteil deutscher Unternehmen?

Dazu haben wir 26 der weltweit innovativsten Unternehmen untersucht: Apple, Research in Motion, Nokia, HSBC, Google, Amazon, Hewlett Packard, McDonald's, Fiat, IBM, Toyota, Intel, Microsoft, Nike, Banco Santander, Disney, Procter & Gamble, Virgin Group, Nintendo, Facebook, LG Electronics, Samsung, Tata Group, Volkswagen, General Electric und Vodafone.

Die Fragestellungen waren folgende:

- Woher kommen im Unternehmen neue Ideen? Wie werden Ideen im Unternehmen generiert?
- Organisationsstruktur: Wie stellt das Unternehmen sicher, dass sich neue Ideen innerhalb der Organisation entwickeln können? Wie stellt das Unternehmen sicher, dass neue Ideen nicht in der Struktur stecken bleiben?
- Führungsstil: Wie motivieren Manager ihre Mitarbeiter dazu, kreative Denkwege einzuschlagen? Was sind die wesentlichen Führungsprinzipien innerhalb des Unternehmens?
- Mitarbeiter: Welche Mitarbeiter stellt das Unternehmen ein? Wie stellt das Unternehmen Diversität innerhalb der Teams sicher? In welcher Umgebung arbeiten Mitarbeiter?
- Werkzeuge und Methoden: Welche Art von Methoden setzt das Unternehmen ein, um neue Ideen zu generieren?

Für die Studie wurden mehr als 500 verschiedene Quellen ausgewertet: Presse- und Fachartikel, Fallstudien, akademische Schriften, Bücher und Interviews mit Führungskräften aus diesen Unternehmen. Zusätzlich wurden persönliche Interviews mit Mitarbeitern aus diesen Unternehmen geführt.

Die Auswahl der Unternehmen

Einmal jährlich veröffentlicht das US-Magazin *Business Week* eine Liste der weltweit innovativsten Unternehmen. Das Ranking beruht hauptsächlich auf einer Studie der Boston Consulting Group, in der Fragebögen an insgesamt 2.700 Führungskräfte weltweit verschickt werden. In diesem anonymisierten Fragebogen werden die Führungskräfte aufgerufen, Unternehmen zu nennen, die regelmäßig innovative Produkte, Konsumentenerfahrungen, Geschäftsmodelle oder Prozesse anbieten. Die Boston Consulting Group berücksichtigt in ihrer Wertung anschließend die finanzielle Performance der Unternehmen, die die meisten Stimmen erhalten.

Unter den 50 weltweit innovativsten Unternehmen gab es 38, die sowohl 2009 wie auch 2010 vertreten waren. Aus diesen 38 Unternehmen wurden 26 zur Untersuchung ausgewählt. Dabei wurde darauf geachtet, eine Mischung aus verschiedenen Branchen (Telekommunikation, Internet, Software, Konsumgüter, Automobil, Mischkonzerne etc.) und verschiedenen Regionen (USA, Asien, Europa) zu erhalten.

Ein anderes Verständnis von Innovation

Eine der wichtigsten Erkenntnisse der Studie ist, dass in diesen hochinnovativen Unternehmen ein komplett anderes Verständnis von Innovation herrscht: Wenn in Unternehmen üblicherweise über Innovation gesprochen wird, wird dieser Begriff häufig mit Innovationsmanagement gleichgesetzt. Unternehmen suchen nach Tools und Prozessen, die sie innerhalb bestehender Strukturen umsetzen können. Für die Unternehmen, die wir untersucht haben, bedeutet Innovation etwas anderes: Tools und Prozesse sind kopierbar. Die dahinterstehende Kultur nicht. Nicht umsonst heißt es über Google, die „außergewöhnliche Organisationskultur" sei die „Seele des Unternehmens". Die kreative Grundeinstellung ist auch die Wurzel der kreativen und innovativen Unternehmensstrategie von Disney. Das Unternehmen hat ein eigenes Institut, dessen Ziel unter anderem darin besteht, Kreativität und Inspiration zu fördern. Und selbst der Bankkonzern HSBC betrachtet die Gruppenkultur – die einzelnen Länder und Regionen handeln praktisch unabhängig voneinander – als Wettbewerbsvorteil. Anders gesagt: Die von uns analysierten Unternehmen haben Kreativität tief in ihrer DNA verankert. Tools und Prozesse dienen nicht dazu, kreative Denkprozesse auszulösen, sondern sie so gut es nur irgendwie geht zu unterstützen.

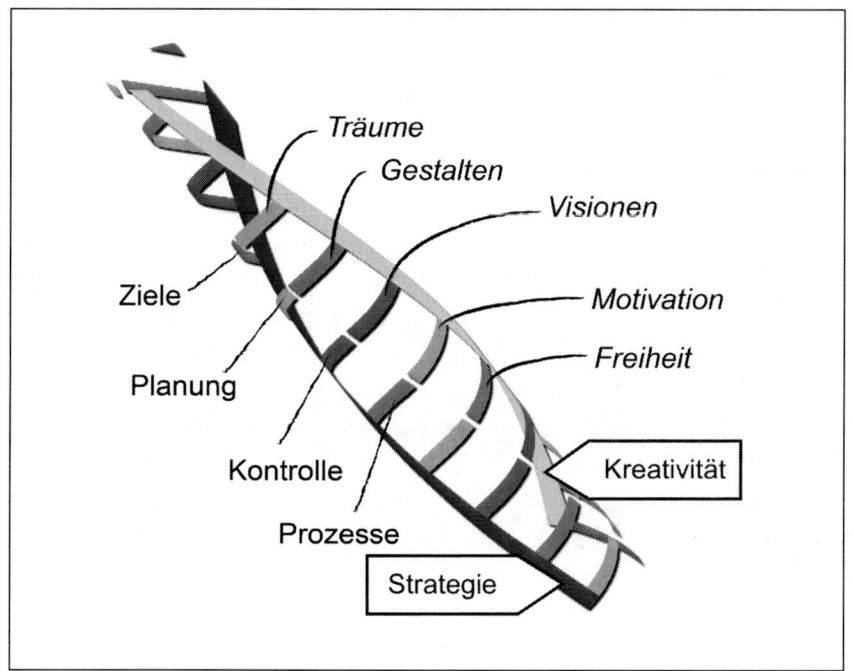

Abbildung 2: Die kreative DNA eines Unternehmens

Was es bedeutet, Kreativität in der DNA eines Unternehmens zu verankern, wird deutlich, wenn Sie mit leitenden Mitarbeitern aus diesen Unternehmen sprechen. Eines dieser Gespräche habe ich mit Frank Lafos, dem Leiter der Intel Labs in München, geführt.

Kreativität bei Intel – ein Gespräch

Jens-Uwe Meyer: *„Herr Lafos, wie würden Sie die Innovationskultur, wie Sie sie bei Intel erleben, generell beschreiben?"*

Frank Lafos: *„Die Innovationskultur bei Intel besteht aus verschiedenen Elementen, die aus unseren Unternehmenswerten heraus abgeleitet sind. Das eine ist Risk Taking: Wir als Intel-Mitarbeiter sind herausgefordert, Risiken auf uns zu nehmen. Wir sollen neue Wege beschreiten, ausprobieren und einfach versuchen, daraus neue Business-Konzepte, neue Technologie-Konzepte oder auch neue Anwendungsgebiete zu finden. Ein weiterer Punkt ist, dass wir stark kundenorientiert sind. Wir schauen genau hin, was unsere Kunden tun, was unsere Kunden brauchen und inwieweit wir hier Verbesserungspotenziale finden, die wir in unsere Produkte einfließen lassen können. Wir suchen kontinuierlich nach Trends, damit wir den Entwicklungen unserer Kunden nicht nur folgen können, sondern möglichst zwei oder drei Schritte voraus sind."*

Jens-Uwe Meyer: *„Ist es aus Ihrer Sicht die Innovationskultur oder sind es eher die Prozesse, die bei Intel für den Erfolg entscheidend sind?"*

Frank Lafos: *„Die Kultur ist auf jeden Fall das Entscheidende. Prozesse sind letztlich Hilfskonstrukte, um gewisse Dinge zu kanalisieren und um sie zu sortieren. An die Ideen Ihrer Mitarbeiter kommen Sie aber letztlich nicht dadurch heran, dass sie einen Prozess generieren oder definieren. Ideen generiert man durch Kommunikation, durch Austausch und durch Freiheit. Wir als Intel-Mitarbeiter haben sehr viel Freiheit, die aber mit hohen Vorgaben verbunden sind. Als Verantwortlicher für das Open Lab in München kann ich für mich selbst definieren, wie* *ich meine Ziele erreiche. Auf Kongresse gehen, mit Hochschulprofessoren reden, in unsere eigenen Labs hineinschauen. Ich kann selber entscheiden, wie ich mir die Informationen besorge, die ich brauche, um meinen Job tatsächlich so zu erledigen, wie das Unternehmen es von mir erwartet."*

Jens-Uwe Meyer: *„Wie unterscheidet sich der Führungsstil, den Sie bei Intel erleben, von dem, den Sie in früheren Unternehmen erlebt haben? Gibt es da Unterschiede?"*

Frank Lafos: *„Bei uns basiert sehr viel auf Vertrauen. Das ist einfach so. Sie bekommen eine Aufgabe, Sie werden in die ‚Freiheit' entlassen und müssen diese Aufgabe erledigen. Sie haben Ihren Manager letztlich als eine unterstützende Person, vielleicht auch teilweise in einer leitenden Rolle, um Sie an die Hand zu nehmen und zu navigieren. Aber am Ende erwartet man von uns schon sehr sehr viel Eigenverantwortlichkeit, aber auch Bewusstsein, mit dieser Verantwortlichkeit umzugehen. Dabei dürfen auch neue Wege ausprobiert und es dürfen Fehler gemacht werden. Klassische Kontrollmechanismen finden sich bei uns nicht. Es gibt keine Arbeitszeiterfassung, viele Mitarbeiter arbeiten von zu Hause aus. Den klassischen Vorgesetztentyp, der seine zehn Mitarbeiter hat und tagtäglich beobachtet, ob sie auch das tun, was man von ihnen erwartet, gibt es bei uns nicht. Das ist unmöglich, die Firma würde so nicht funktionieren."*

Kreativität ist kein Verwöhnprogramm

Kreativität in Unternehmen zu etablieren hat zudem nichts damit zu tun, Wohlfühlräume zu schaffen oder besonders inspirierende Büros einzurichten. Das schadet nichts, ist aber bei Weitem nicht so effektiv wie eine Veränderung von Arbeitsstrukturen und Führungsphilosophien. Microsoft ist ein gutes Beispiel für eine Kultur, in der es zwar offen und kreativ zugeht, die zugleich jedoch durch sehr hohe Ziele und ein sehr hohes Arbeitsvolumen geprägt ist. Die Kultur lässt Experimente und Innovation zu, hat aber gleichzeitig klare Richtlinien, welche Ideen verfolgt werden. Auch bei Google bedeutet kreative Arbeit nicht, sich zurückzulehnen und in den Himmel zu schauen. Es ist das genaue Gegenteil: Das Unternehmen vereint maximale Herausforderung und maximalen Spaß. Einer unserer Befragten, ein Softwareentwickler, der für Google in den USA arbeitet, sagte uns: „Noch aufregender als die Aufgaben sind die Menschen, mit denen ich hier arbeite. Ich lerne durch den Austausch ständig dazu. Herausforderungen gehen Hand in Hand mit Spaß und tiefer Befriedigung. An einem Problem zu arbeiten ist die beste Arbeit, die es gibt."

Innovationskultur ist nicht gleich Innovationskultur

Die Kulturen, auf die wir im Rahmen unserer Studie gestoßen sind, sind genauso unterschiedlich wie die Unternehmen. Immer wieder werden Sie auf den folgenden Seiten auf Unternehmen wie Research in Motion stoßen, die Entwickler und Hersteller des Blackberry. Sie werden erfahren, wie diese Unternehmen mit ihrer gesamten Organisationsstruktur darauf abzielen, eine innovative Kultur zu schaffen und zu wertschätzen. Innovation spielt überall eine Rolle: Bei der Auswahl der Mitarbeiter, der Gestaltung von Anreizen, der Entlohnung, dem Verhalten der Führungskräfte und vielem mehr. Sie werden erfahren, dass es Unternehmen gibt, die ein beinahe egalitäres System geschaffen haben, in dem klassische Hierarchien praktisch keine Rolle mehr spielen. Sie werden aber auch erfahren, dass es andere Formen gibt, eine Innovationskultur zu pflegen. Beim indischen Tata Konzern wäre diese Form der Egalität undenkbar. Tata setzt auf andere Dinge. Beispielsweise auf einen ungewöhnlichen Innovationswettbewerb, bei dem nicht nur die besten und erfolgreichsten Innovationen geehrt werden, sondern auch gescheiterte. „Dare to try" heißt eine Kategorie bei Tata. Das Unternehmen vergibt einen Preis für eine Innovation, die ernsthaft versucht wurde, aber dann scheiterte. So stimuliert Tata Risikofreudigkeit, einen der wesentlichen Treiber kreativer Unternehmen. Die kreative DNA eines Unternehmens ist genauso einzigartig wie die eines Menschen.

Ein Unternehmen lässt sich auch nicht automatisch mit einer spezifischen Innovationskultur verbinden. Im Gegenteil: Bei der Analyse von Unternehmen wie Samsung oder Nokia zeigte sich, dass innerhalb eines Unternehmens verschiedene Kulturen nebeneinander existieren können. Mehr noch: Es kann ein strategischer Vorteil sein, innerhalb eines Unternehmens verschiedene Kulturen aufzubauen. Samsung hat international verteilte Designcenter, in denen eine komplett andere Kultur herrscht als in der koreanischen Firmenzentrale. Nokia hat vier verschiedene Forschungszentren mit vier unterschiedlichen Kulturen – aus der Verschiedenartigkeit dieser Kulturen erwächst Kreativität. Wenn wir über Corporate Creativity sprechen, geht es also nicht automatisch darum, ein Unternehmen von Grund auf neu zu erfinden, sondern darum, strategisch wichtige Unternehmensteile neu und anders zu strukturieren und zu führen.

Die Studie, die Grundlage dieses Kapitels ist, soll Sie dafür sensibilisieren, wie sich eine kreative Innovationskultur im gesamten Unternehmen beziehungsweise auf Abteilungs- und Teamebene errichten lässt.

Die fünf Ebenen von Corporate Creativity

Corporate Creativity kann erst dann zu einem echten Wettbewerbsvorteil werden, wenn der Aufbau einer kreativen Kultur nicht einfach an eine Abteilung oder einen zuständigen Mitarbeiter delegiert wird. Eine kreative Kultur ist tief in diese Unternehmen verankert. Corporate Creativity ist dabei auf unterschiedlichsten Ebenen spürbar.

1.1 Innovation – Ohne Kompromisse

Können Sie sich vorstellen, dass Apple-Chef Steve Jobs eine Bühne betritt und folgenden Satz sagt? „Aufgrund des generell schwierigen Marktumfelds haben wir uns entschlossen, unsere Innovationsanstrengungen zunächst einmal zurückzustellen. Wir werden im Bereich der Entwicklung massiv die Kosten senken, das iPhone zunächst nicht weiterentwickeln und unser Betriebssystem für die nächsten fünf Jahre auf dem heutigen Stand lassen."

Für wie wahrscheinlich halten Sie es, dass die beiden Google-Gründer aus Kostengründen die Google Labs schließen? Dass Nintendo aufhört, neue Spielkonsolen zu entwickeln? Oder dass 3M aufhört, neue Produkte auf den Markt zu bringen? Die Antwort liegt auf der Hand: Unvorstellbar. Die weltweit innovativsten Unternehmen schreiben das Wort „Innovation" nicht einfach nur in ihre Unternehmensstrategie. Sie haben es so tief in ihrer Unternehmensstrategie verankert, dass jede Umkehr einem Schock gleichkommen würde.

Apple ohne Innovation ist so unvorstellbar wie Volkswagen ohne Autos, wie RWE ohne Energie und wie die Deutsche Bahn ohne Züge. Damit stehen wirklich innovative Unternehmen in einem krassen Gegensatz zu Unternehmen, deren Strategie zwar die Begriffe „Kreativität" und „Innovation" enthält, die jedoch faktisch eine Strategie der Bewahrung verfolgen.

Apple – „Ein Ding ins Universum setzen"

Apple zeigt Kunden, was als nächstes kommt. Dieses Denken ist tief im Unternehmen verhaftet. Steve Jobs beschreibt es mit den Worten: *„Es gibt ein altes Zitat von Wayne Gretzky (einem berühmten Eishockeyspieler), das ich liebe: ,Ich skate dorthin, wo der Puck sein wird, nicht dorthin, wo er war.' Wir haben immer versucht, das bei Apple umzusetzen. Vom ersten Moment an. Und wir werden es immer tun."* Die Kompromisslosigkeit, mit der Apple Innovationen verfolgt, ist vom Firmengründer Steve Jobs geprägt. Sein Anspruch: Er möchte nichts Geringeres tun als „ein Ding ins Universum zu setzen". Dieser Anspruch, nicht einfach nur ein Unternehmen zu führen, sondern etwas Gigantisches zu bewegen, ist die Triebfeder des gesamten Unternehmens.

Fiat – Vom schlafenden Riesen zur Politik der Durchbrüche

2004 stand Fiat kurz vor der Insolvenz. Das Unternehmen verlor mehr als eine Milliarde Dollar, bis mit Sergio Marchionne ein neuer CEO an die Spitze kam. Sein Ziel: Das Unternehmen in einen der weltweit erfolgreichsten Automobilhersteller zu verwandeln. Dazu verordnete er dem Unternehmen einen kompromisslosen Innovationskurs: Weg von der Philosophie der inkrementellen Verbesserung, hin zu einer „Politik der Durchbrüche".

Amazon – Geschichte schreiben als die kundenorientierteste Firma der Welt

Fragen Sie Amazon-Chef Jeff Bezos nach seiner Motivation. Es ist nichts Geringeres als „Geschichte zu schreiben". Die Vision der Firma ist klar umrissen: *„Die kundenorientierteste Firma der Welt. Einen Ort zu schaffen, an dem Menschen alles entdecken und finden können, was sie online kaufen können."* Dazu gehört auch, Innovationen langfristig zu denken. *„Wir sind bereit, Samen zu pflanzen, die fünf oder sieben Jahre brauchen, um gut zu werden."* Natürlich könnte der nächste Quartalsbericht besser aussehen, wenn Amazon diese ehrgeizigen Ziele nicht hätte. Auch hier setzt Jeff Bezos auf langfristiges Denken: *„Jede Firma bekommt die Investoren, die sie verdient."*

Tata – „Low Cost Innovation" als indische Spezialität

Dass ausgerechnet Tata das billigste Auto auf der Welt herstellt, ist kein Zufall. Für 1.700 Dollar bekommt eine indische Familie ein viersitziges Automobil. Der Tata Nano ist das Musterbeispiel einer „disruptiven Innovation" – entstanden auf Grundlage eines Denkens, das diese Art der Innovation von der obersten Führungsebene ausgehend fördert. *„Low Cost Innovation wird zur indischen Spezialität"*, schreibt die amerikanische *Business Week* über das Konglomerat aus mehr als hundert Firmen. Innovation ist tief verankert: Seit 2007 ist sie eine offizielle Säule des Unternehmens. Das Tata Group Innovation Forum (TGIF) hat das Ziel, Innovationen und Risikobereitschaft zu fördern und eine Unternehmenskultur aufzubauen, die alle Strukturen des Konzerns berührt.

Der Unterschied: Innovation ohne Kompromisse

> *„Obwohl die meisten Manager heutzutage die Argumentation, Innovation sei für den langfristigen Erfolg des Unternehmens wichtig, unterstützen, liegt ihre persönliche Präferenz doch eher auf leichten Veränderungen."*

> Bettina von Stamm, London Business School, 2001

Es ist eine Sache, über Innovation und Kreativität zu reden. Es ist eine andere, einen kompromisslosen Kurs einzuschlagen, um Kreativität und Innovation als Ziele mit hoher Priorität auf den obersten Führungsebenen zu verankern. Die innovativsten Unternehmen lassen hier keinerlei Kompromisse zu. Der Innovationskurs, den sie eingeschlagen haben, ist irreversibel. Die Namen dieser Unternehmen sind beinahe schon zum Gattungsbegriff für Innovation geworden. Apple, Google, Research in Motion. Diese Unternehmen stehen für Innovation wie Tempo für Papiertaschentuch und Persil für Waschmittel. Radikale Innovation ist beinahe schon ein Markenbegriff.

Woran erkennen Sie kompromisslose Innovationsstrategien? Das Unternehmen verfolgt weitreichende Ziele, die möglicherweise auch über die Unternehmensziele hinausgehen und die die Branche oder das Leben von Kunden verändern. Alle Teile beziehungsweise ein wesentlicher Teil des Unternehmens sind auf die Innovationsziele ausgerichtet. Die höchsten Managementebenen engagieren sich für Kreativität und Innovation, die Innovationsaktivitäten werden unabhängig von der wirtschaftlichen Situation und aktuellen Rahmenbedingungen verfolgt.

1.2 Einzigartige „magische" Werte

„Glaube daran, dass Du die Welt verändern kannst."
„Leiste jeden Tag einen Beitrag."
„Radikale Ideen sind keine schlechten Ideen."

Was klingt wie Beschwörungsformeln, sind die Unternehmensgrundsätze von Hewlett Packard. Es sind die „Regeln der Garage", definiert von den beiden Unternehmensgründern Bill Hewlett und Dave Packard, die jeden Mitarbeiter jeden Tag daran erinnern sollen, wie das Unternehmen entstand: In einer kleinen Garage in der Addison Avenue in Palo Alto, Kalifornien. Diese „Regeln der Garage" sind starke Grundsätze, die das Unternehmen bis heute prägen: *„Arbeite schnell, schließe Deine Werkzeuge nicht ein, arbeite wann immer Du willst.", „Keine Politik, keine Bürokratie.", „Erfinde unterschiedliche Arten zu arbeiten.", „Glaube daran, dass wir gemeinsam alles erreichen können.", „Erfinde."*

Diese Werte werden bei jeder Gelegenheit wieder und wieder ins Bewusstsein der Mitarbeiter gebracht. Im Jahresbericht 1999 betonte Carly Fiorona, damals CEO von Hewlett Packard, die Werte: *„Erfindung ist im Herzen und in der Seele von HP und muss es bleiben. Erfindung hängt fundamental von Kreativität ab. Und Kreativität, das glaube ich, stammt von einer Gruppe unterschiedlicher Menschen, die über Chancen sprechen. Kreativi-*

tät ist die Basis von Erfindungen. Und deshalb müssen wir alle mit ein-beziehen." Grundsätze wie die von Hewlett Packard sind teilweise tief in den Strukturen erfolgreicher Innovation Leaders verankert.

Google hat eine eigene Innovationsphilosophie, die das Unternehmen die „neun Annahmen erfolgreicher Innovationen nennt":

- Ideen kommen von überall. Jeder Googler in jeder Position und in jeder Abteilung braucht Innovation. Selbst in unterstützenden Funktionen wie Finanzen
- Teile alles, was Du kannst
- Du bist brillant, wir stellen Dich ein
- Eine Lizenz, um Träumen nachzugehen
- Innovation. Nicht ständige Verbesserung
- Keine Politik. Verwende Daten
- Kreativität liebt Beschränkungen
- Mach Dir Gedanken über Nutzung und Nutzer, nicht das Geld
- Töte keine Projekte, mach etwas Neues daraus

Mit Grundsätzen und Philosophien wie diesen werden die Strategien des Top Managements untermauert und zu einer lebendigen Kultur weiter-entwickelt. Es sind Philosophien, die unterschwellig wirken. Man kann sie als magische Visionen bezeichnen. Sie dienen dazu, die Herzen der Mitarbeiter zu gewinnen, nicht die Köpfe. Es hat etwas Magisches an sich, wenn Google auf der eigenen Webseite neue Mitarbeiter mit dem Slogan wirbt: *„Sei ein Teil von etwas, das zählt."* Und nicht umsonst hat Google das Leitmotto „Don't be evil" fest in den Köpfen verankert. Wer für Google arbeitet, arbeitet nicht für eine abstrakte Umsatzrendite. Sondern für eine bessere Welt.

Auch Richard Branson, Gründer von Virgin, hat Werte in seinem Unter-nehmen verankert, die anders sind als das, was man gemeinhin von einem großen Unternehmen erwartet. Visionen mit Anziehungskraft und Magie:

- Erst Mitarbeiter, dann Kunden und Aktionäre
- Errichte das Business um die Menschen herum
- Build don't buy
- Sei der Beste, nicht der Größte
- Pionier sein, nicht dem Pionier folgen
- Fange jede Idee ein!
- Strebe nach Veränderung

Die Prinzipien dieser Unternehmen bleiben bestehen, auch wenn das Management wechselt. So ist Nokia bis heute von den Grundsätzen geprägt, die Jorma Ollia (CEO von 1992 bis 2006) ins Unternehmen gebracht hat. Er schuf eine Atmosphäre, in der sich jeder beteiligt fühlt und die zugleich das Gefühl von Dringlichkeit vermittelt. Ollia sagte einmal, seine bevorzugte Unternehmensform sei die der Leistungsgesellschaft, in der Belohnungen an die gingen, die ihr Talent und ihre Fähigkeit unter Beweis gestellt hätten. Die Prinzipien, die Ollia einbrachte, sind bis heute in den Grundwerten von Nokia verankert: Engagement, Teamwork und Partnerschaft, Innovation und Menschlichkeit. Auch der Automobilhersteller Toyota ist bis heute von den Prinzipien des Firmengründers Sakichi Toyoda geprägt: *„Sei Deiner Zeit voraus: Durch endlose Kreativität, Wissbegierde und das Streben nach Verbesserung. Sei praktisch und vermeide Leichtsinnigkeit."*

Woran erkennen Sie magische Werte? Sie sprechen tief sitzende Träume und Wünsche von Menschen an, die ihre eigene Kreativität einbringen wollen, und sie verdeutlichen, dass kreative Anstrengungen oberste Priorität haben. Vor allem aber sind sie einzigartig und authentisch. Es sind nicht einfach nur Sätze, die es in vergleichbarer Form auch in jedem anderen Unternehmen geben könnte.

1.3 Denkfabrik statt Tretmühle – Kreative Denk- und Arbeitsstrukturen

In einem Unternehmen lässt sich scheinbar alles in vorgefertigte Abläufe pressen. Vom ersten Tag an werden neue Mitarbeiter mit standardisierten Prozessen konfrontiert: Dem Bewerbungs- und Einstellungsprozess folgt der Einarbeitungsprozess, es gibt Weiterbildungs-, Bewertungs- und Beförderungsprozesse, der Produktionsprozess regelt genau, wer was wie in der Fertigung zu tun hat, ein Evaluierungsprozess stellt sicher, dass die Qualität immer gleichbleibend hoch ist und so weiter. Manager haben es gelernt, Prozesse zu entwickeln, zu optimieren und zu kontrollieren, Regeln aufzustellen, Schnittstellen zu identifizieren und die Prozesseffektivität zu messen. In fast allen Bereichen eines Unternehmens macht das auch Sinn. Nur in einem nicht: Kreativität. *„Das Streben nach schlanken Abläufen hat viele Unternehmen dazu veranlasst, die Stillstandszeiten aus menschlichen Prozessen herauszunehmen,"* schreibt Kirsten D. Sandberg von der Harvard Universität. *„Was wir Stillstandszeiten oder ungenutzte Kapazität bei einer Maschine nennen, könnte beim Menschen mit Denkzeit oder Inkubationszeit gleichgesetzt werden."*

Sandberg geht weiter. Dem Management großer Unternehmen fehle es an Verständnis für den Ablauf kreativer Denkprozesse. Manager denken in klassischen Produktionsprozessen. *„Wenn die meisten Menschen an Produktion denken, dann denken sie an den Input (beispielsweise Leder und Gummi), an eine Art von Transformation (schneiden und sägen) und das Ergebnis (Schuhe). Diese Prozesse sind linear, eindeutig und vorhersehbar. Wir können sie anfassen, analysieren und verbessern, indem wir Zeit und andere Ressourcen verbessern. Zeit ist Geld. Weniger ist mehr: Je kürzer ein Prozess dauert, desto mehr Geld verdient man. Ein Gedanke jedoch entstammt häufig einem nichtlinearen, unterbewussten oder sogar zufälligen Prozess und die Natur der Transformation kann jedes Mal stark variieren."*

Die US-Wissenschaftler Alan G. Robinson und Sam Stern haben in mehreren hundert Unternehmen geniale Ideen bis zu ihrem Ursprung zurückverfolgt. *„In jedem Unternehmen, das wir untersucht haben, haben wir Menschen getroffen, die fühlten, dass das kreative Potenzial ihrer Unternehmen weit größer ist als es die aktuelle Leistung vermuten lässt. Sie haben recht. Wir glauben, dass sich das nicht ändern wird, bevor die wahre Natur von Kreativität generell anerkannt wird. Der Großteil des kreativen Potenzials eines Unternehmens ist mit den herkömmlichen Planungs- und Kontrollmechanismen des Managements praktisch nicht erreichbar."*

Wie dann? Keines der von uns untersuchten Unternehmen hat Prozesse abgeschafft. Doch sie haben sie zum großen Teil ergänzt. Durch Arbeitsstrukturen, die kreatives Denken fördern und zulassen. Kreativität muss sich nicht den Prozessen unterordnen. Die Prozesse ordnen sich der Kreativität unter.

Wie Strukturen Kreativität zerstören

In klassischen Unternehmen scheitert Innovation häufig an den Strukturen. Es gibt typische Kreativitätskiller, die sich in einer Reihe unterschiedlicher Studien immer und immer wieder gezeigt haben:

- Politische Probleme und Grabenkämpfe innerhalb des Unternehmens,
- destruktive Kritik, destruktiver Wettbewerb und destruktiver Druck,
- strikte Kontrolle durch das Management,
- ein Exzess an formalen Strukturen und Prozeduren,
- genau definierte Prozesse, die vorschreiben, was von wem mit welchen Methoden verbessert werden soll.

Die weltweit innovativsten Unternehmen haben zum großen Teil Strukturen geschaffen, die diese Barrieren beseitigen. Statt zu versuchen, Ideen und Innovationen innerhalb klassischer Strukturen zu fördern, richten sie ihre Strukturen so aus, dass Ideen und Innovationen gedeihen können.

Von den untersuchten Unternehmen hat jedes zweite ein neues Verständnis von Hierarchie etabliert. Samsung musste erst radikal mit dem klassischen südkoreanischen Hierarchiedenken brechen, bevor sich das Unternehmen wandeln konnte: Von einem Billigwarenhersteller zu einem der innovativsten Unternehmen weltweit. Und es ist auch kein Zufall, dass der Erfolg von Fiat unter Sergio Marchionne damit begann, alte Hierarchien radikal aufzubrechen. Jede zehnte der knapp 20.000 Führungskräfte musste gehen. Wenn es darum geht, Bürokratie und Hierarchien zu umgehen, sind kreative Unternehmen vielfach von dem getrieben, was in einer Studie über Apple-CEO Steve Jobs so beschrieben wurde: *„Die Angst vor Dinosauriern, die riesige Reiche errichten und nach antiquierten Methoden handeln."*

Microsoft – Wendigkeit als oberstes Prinzip

Wer Microsoft mit einem Anzug betritt, hat entweder ein Vorstellungsgespräch oder ist Berater. Der lässige Umgangsstil, der ungewöhnliche Dresscode und das allgegenwärtige „Du" (auch in Deutschland) sind die sichtbarsten Kennzeichen fehlender Hierarchien. Dahinter steckt eine einfache Philosophie: Ein Unternehmen ohne festgefahrene Hierarchien ist wendiger. Microsoft hat aus eigenen schmerzvollen Erfahrungen gelernt: Bei Windows Vista hatte sich das Unternehmen in der Komplexitätsfalle verrannt, ständige Abstimmungen hatten die Entwicklung immer komplizierter werden lassen. Entsprechend begann die Programmierung von Windows 7 mit einem Befreiungsschlag: Die Hierarchieebenen wurden um die Hälfte, die Bereichsleiterposten um ein Drittel gekürzt. Microsoft hat darin Erfahrung: Schon 1999 wurde das Unternehmen radikal umorganisiert. Zu viel Bürokratie und zu viel Bereichsdenken hatten damals die Innovationsfähigkeit gelähmt.

Samsung – Hierarchiefreiheit für strategische Kreativbereiche

Samsung hat ein klares strategisches Ziel: *„Gutes Design ist der wichtigste Weg, um uns von unseren Mitbewerbern zu unterscheiden"*, sagt CEO Jong-Yong Yun. Auf dem Weg vom Billighersteller zu einem der innovativsten Unternehmen weltweit hat er dem Unternehmen eine Art kreative Schocktherapie verordnet: Statt weiterhin darauf zu setzen, die billigsten Geräte herzustellen, öffnete Yun Design-Center auf der ganzen Welt, in denen neue Produkte entwickelt werden. Um seinen Kreativen einen direkten Zugang zum Top Management zu gewähren, etablierte er einen „Chief Design Officer". Damit war es erstmals möglich, dass Mitarbeiter für ihre Ideen Gehör im Vorstand fanden. Was nun noch im Weg war, war die traditionelle südkoreanische Kultur. Sie ist eher kreativitätsfeindlich: Dass Mitarbeiter frei ihre Meinung sagen und Ideen äußern, ist in der Kultur nicht ohne Weiteres erlaubt. Um diese Barrieren zu überwinden, hat Samsung in den Design-Centern eine Führungskultur eingeführt, die anders als die ist, die im Hauptquartier gepflegt wird. In den Design-Centern gibt es keine Kleiderordnung. Jeder Mitarbeiter wird dazu aufgefordert, seine Meinung zu sagen und Vorgesetzten zu widersprechen, ohne Angst davor zu haben, kulturelle Regeln zu verletzen. Hierarchiefreiheit in strategisch wichtigen Innovationsbereichen. Die Kultur operativer Einheiten in der Firmenzentrale ist weiterhin traditionell südkoreanisch.

McDonald's – „Noodle Team" statt starrer Hierarchien

Starre Strukturen und Hierarchien sind McDonald's fremd. Wenn es darum geht, neue Ideen zu entwickeln, werden möglichst alle mit einbezogen: Partner, die das Rohmaterial liefern, Mitarbeiter aus verschiedensten Bereichen und Hierarchiestufen, Kunden. McDonald's hat eigene Testküchen und sogenannte „Noodle Teams" ins Leben gerufen, in denen Mitarbeiter aller Hierarchieebenen neue Ideen entwickeln und sie ausprobieren. Die Hierarchien sind flach. Jeder kann jeden kontaktieren, jeder mit jedem über neue Ideen diskutieren. Für CEO Jim Skinner einer der Wettbewerbsvorteile des Unternehmens: *„Das Ergebnis ist ein Reichtum an Ideen, die durch die Organisation fließen. Sie kommen aus allen Richtungen."*

Research In Motion: Abkehr von alten Strukturparadigmen

Don Morrison, Chief Operating Officer von Research in Motion, erklärt die Struktur des Unternehmens so: *„Dieses Unternehmen funktioniert nicht nach den alten Paradigmen von Befehl und Gehorsam. Unsere Firma ist eine organische Organisation, vergleichbar mit einem egalitären Arbeitsplatz. Unser Mantra: ‚Alle arbeiten.' Es gibt hier keine Aufseher."* Research in Motion hat diese Form der Organisation bewusst gewählt: *„Unser Geschäftsmodell unterliegt der ständigen Veränderung aufgrund der technischen Komplexität."*

Und wenn sich starre Hierarchien wieder einmal im Unternehmen fest-setzen? Wenn sich Prozesse und Abläufe aufblähen, wenn die Bürokratie überhandnimmt? Dann wird abgespeckt. So wie bei Hewlett Packard. Seit 2008 gibt es ein Programm mit dem Namen „Happy People". Es hat nur ein Ziel: Jede Form ineffizienter Prozesse und unnötiger Bürokratie aus dem Unternehmen zu verbannen.

1.4 Kreative Dream Teams statt Innovations- verwaltung

Wie schreibt man einen Welthit? Fragen Sie den britischen Komponisten Guy Chambers, der gemeinsam mit Robbie Williams den Welthit „Angels" komponierte. Von ihm können Sie lernen, wie ein Dream Team funktioniert: *„Ich habe den Song in meinem Schlafzimmer komponiert. Robbie Williams kam herein und sang die ersten Textzeilen. Einfach so, es war in seinem Kopf. Ich sagte, ‚Das ist gut, sing das noch einmal.' Dann habe ich die Akkorde dazu gespielt, damit sie zu seiner Melodie passten. Ich würde sie normaler-weise nicht spielen, aber da passten sie. Als wir am Ende der ersten Strophe waren, wusste er nicht weiter. Ich habe vorgeschlagen, dass wir zum Refrain übergehen. Das Lied hat sich praktisch von alleine geschrieben."*

Menschen zu finden, die möglicherweise zusammen ein Welthit schreiben und sie so miteinander zu vernetzen, dass sie zusammen mehr erreichen als jeder von ihnen alleine – eine wesentliche Aufgabe für das Management kreativer Unternehmen.

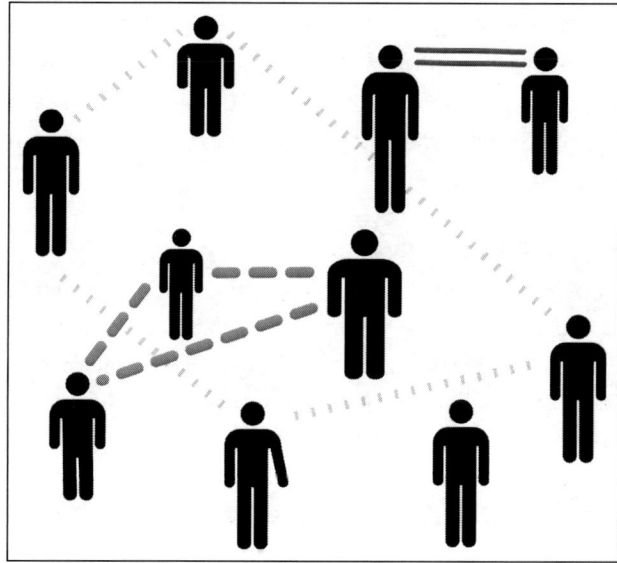

Abbildung 3:

Managementauf-
gabe: Mitarbeiter
so vernetzen, dass
Dream Teams ent-
stehen

Kleine bereichsübergreifende Teams mit einer Vielzahl unterschiedlicher Perspektiven, ausgestattet mit einem hohen Maß an Autonomie und klaren Zielen. Mit Mitarbeitern, die so sehr für das Thema „brennen", dass sie ihre Köpfe nicht einfach nach Feierabend abschalten. Diese Managementaufgabe haben wir in einer erstaunlich großen Anzahl hochinnovativer Unternehmen vorgefunden, in der die Arbeit mit kreativen Dream Teams fester Bestandteil der Unternehmensphilosophie ist. Der Gedanke, ein Innovationsprojekt an die „Fachabteilung" zu delegieren und Innovationsprojekte von ihnen betreuen zu lassen, ist ihnen fremd. Stattdessen setzen sie auf kleine Teams, die schnell denken, schnell kommunizieren und schnell handeln.

Amazon: Die „Two Pizza Rule"

„Wenn Du ein Team mit zwei Pizzas nicht satt bekommst, ist es zu groß. Das limitiert Gruppen auf eine Größe zwischen fünf und sieben Menschen, je nach Appetit." Für die Two Pizza Rule hat CEO Jeff Bezos einen einfachen Grund: *„Wenn das Team größer wird, verbringen die Mitarbeiter mehr Zeit mit der Koordination. Das wird häufig missverstanden. Aber wenn Du eine gute Arbeitsatmosphäre haben möchtest, in der Menschen wirklich etwas schaffen, möchtest Du nicht, dass sie viel Zeit mit Koordination verbringen."* Bei Amazon bedeutet das, dass Aufgaben und Herausforderungen konsequent so heruntergebrochen werden, dass sie von den Zwei-Pizza-Teams erledigt werden können.

Nike: Sandbox Meetings

Innovationssessions bei Nike tragen einen simplen Namen: „Sandbox Meetings". Es sind Meetings, in denen das Management neue Ideen und Konzepte entwickelt, die anschließend direkt an ein Produktentwicklungsteam weitergegeben werden. Dieses Team besteht aus drei Mitarbeitern: Einem Designer, einem Ingenieur und einem Marketingexperten. Dieses Team entwickelt die Grundzüge des Projekts. Sobald die ersten Konzepte stehen, werden Industriedesigner, ein technischer Designer und Grafikspezialisten hinzugezogen. *„Auf diese Art und Weise erhalten wir In-*

spirationen von allen Aspekten der Kultur", sagt einer der Verantwortlichen. *„Wir versuchen, die Werte und Traditionen des Sports zu verstehen, für den wir designen, und dann fügen wir innovative Materialien hinzu, um die Performance zu steigern. "*

Nintendo: Dream Teams und die Wii

Mit dem Erfolg der Spielkonsole Wii war Nintendo immer wieder in den Schlagzeilen. Die Strategie dahinter bringt Nintendo-Präsident Satoru Itawa mit einem Satz auf den Punkt: *„Wir treten nicht gegen Sony und Microsoft an. Wir kämpfen gegen das Desinteresse von Menschen an, die kein Interesse an Videospielen haben. "* Neue Märkte schaffen statt alte Märkte zu bedienen. Doch das Geheimnis der Wii steckt nicht nur in der Strategie. Es ist die kreative Unternehmenskultur, die sie umsetzt. Shigeru Miyamoto, Kreativdirektor von Nintendo, setzte auf kreative Dream Teams. Knapp 20 Teams mit jeweils drei Mitarbeitern wurden damit beauftragt, eine Peripherie mit einem existierenden Spiel zu kreieren. Das Ziel: Ein neues Spielerlebnis schaffen. Diese Teams bekamen komplette Handlungsfreiheit. Das Ergebnis waren bahnbrechende Entwürfe, die letztlich zu Innovationen wie dem Wii Controller und anderen Geräten rund um die Wii geführt haben.

1.5 Risiko- und Experimentierkultur

In den vergangenen Jahrzehnten wurden Hunderte von Managementinstrumenten entwickelt, deren Ziel es vor allem war, Risiken entlang der Wertschöpfungskette zu minimieren. Diese Managementinstrumente sind in vielen Bereichen eines Unternehmens äußerst sinnvoll, beispielsweise wenn es darum geht, rechtliche und finanzielle Risiken im Vorfeld einer Entscheidung zu betrachten. Im Innovationsbereich ist es sinnvoll, neben den Chancen einer Idee auch deren Risiken zu betrachten. Allerdings lassen sich Fehler trotz exakter Berechnung von Risiken nicht immer vermeiden. Im Gegenteil: Zu einem Entwicklungsprozess gehören sie dazu.

Die in unserer Studie untersuchten Unternehmen haben dies zum größten Teil erkannt. Marktanalysen, Kundenbefragungen, Konzepttests und andere Mittel sind zwar nicht abgeschafft, die Unternehmen haben jedoch ihre Abhängigkeit von diesen Instrumenten drastisch verringert. Denn sie führen oft zu einem Entscheidungsvakuum: Weil die Marktforschung dagegen spricht, traut sich niemand, eine klare Entscheidung zu treffen. Die Folge: Es wird die nächste Analyse in Auftrag gegeben oder eine Entscheidung vertagt.

In der Praxis ist es häufig so, dass Innovationen, die auf den Markt kommen, Kundenbedürfnisse verändern oder solche erzeugen, die es vorher noch gar nicht gab. Oder aber, dass Kunden in der Praxis Produkte ganz anders verwenden, als es in der Theorie vorgesehen war. Diese Erfahrung machte Nokia, als das Unternehmen 2007 die offene Internetplattform Beta Labs online stellte. Auf dieser Plattform können Nutzer neue Anwendungen, die sich noch in der Beta-Phase befinden, herunterladen, testen und kommentieren. Die noch nicht fertige Mobilfunkanwendung „Sports Tracker" wurde mehr als eine Million Mal heruntergeladen. Die Konsumenten haben sie in einer Art und Weise verwendet, wie es die Entwickler niemals zu träumen wagten.

Statt eine Kultur der Risikovermeidung zu schaffen, haben die Unternehmen eine Fehler- und Experimentierkultur aufgebaut, die innerhalb definierter Rahmenbedingungen das erlaubt, was in vielen Unternehmen schwerfällt: Dinge auszuprobieren und dabei das Risiko in Kauf zu nehmen, bewusst zu scheitern.

Research in Motion: Die „9 von 10"-Regel

Mike Lazaridis, einer der drei Gründer des Unternehmens, hat eine klare Einstellung. Für ihn sind Fehler normal, sie sind ein Teil des Innovationsprozesses. Wenn es darum geht, Dinge für den Blackberry auszuprobieren, die zuvor nur in der Theorie durchdacht worden waren, erlebt er immer wieder Überraschungen: *„Neun von zehn Malen kommen wir* mit etwas hervor, das großartig klingt: Auf intellektueller Ebene klingt es wie eine großartige Funktion oder ein großartiger Weg, eine Funktion zu implementieren. Neun von zehn Malen funktioniert es nicht. Wir probieren es aus und niemand findet es gut oder es funktioniert einfach nicht oder es ist sehr schwerfällig." Der Unterschied zu einem Managementstil, der durch Risikoaversion geprägt ist, besteht für das Unternehmen in einem einfachen Punkt: Erst die neun gescheiterten Ideen führen zur zehnten, die funktioniert. Für Mike Lazaridis hat das Konsequenzen in Bezug auf die Unternehmensstrukturen: *Der Trick besteht darin: Kannst Du eine Umgebung schaffen, in der es in Ordnung ist, Fehler zu machen, weil es der Weg ist, Neues einzuführen?"* Research in Motion hat eine Kultur geschaffen, in der es nicht nur akzeptiert ist, sondern sogar gefördert wird, 9 von 10 Malen zu scheitern.

Tata Group: Scheitern wird belohnt

Würde es einen Preis für den unkonventionellsten Innovationswettbewerb der Welt geben, die Tata Group hätte gute Chancen, ihn zu gewinnen. 1.700 Innovationsteams aus 65 Tata Unternehmen bewarben sich 2009 um die Preise in den verschiedenen Kategorien, die dazu geschaffen wurden, radikale Innovationen zu generieren. Entsprechend wurden diese Kategorien benannt: Neben der erfolgreichsten Innovation werden besonders zukunftsweisende Ideen prämiert, die vollkommen neu sind. Außerdem vergibt Tata einen Preis in der Kategorie „Dare to try", was sich mit „Gewagt, es zu versuchen" am besten übersetzen lässt. In dieser Kategorie wird ein Preis an das wagemutigste Team vergeben, das einen ernsthaften Versuch gestartet hat, eine große Innovation voranzubringen, aber dabei nicht erfolgreich war. *„Wir alle wissen, dass die intelligenten Fehler Meilensteine für wegweisende neue Innovationen sind"*, schreibt die Jury über diese Kategorie. *„Diese Auszeichnung belohnt diesen Geist."*

Apple – „Kunden wissen nicht, was sie kaufen sollen"

In den Neunzigerjahren verbrachte Apple viel Zeit damit, Produktbeiräten zuzuhören oder auf die Suche nach sogenannten „Consumer Insights" in moderierten Kundengesprächsgruppen (Focus Groups) zu gehen. Das machte das Unternehmen reaktiv. In der Angst, etwas verkehrt zu machen, wurden Kundenwünsche von heute zum Maßstab für Innovationen von morgen gemacht. In unserer Studie sind wir auf interessante Blogs gestoßen, in denen aktive und ehemalige Mitarbeiter die Apple-Kultur diskutieren. *„Einer der Kommentare eines Apple-Vizepräsidenten ist wirklich ein Gedanke, der Apple prägt"*, schreibt ein ehemaliger leitender Angestellter in seinem Blog. *„In einem Meeting sagte er: ‚Kunden wissen nicht, was sie kaufen sollen. Wir müssen ihnen sagen, was sie zu kaufen haben.'"* Im ersten Moment klingt dieser Gedanke abwegig: Nicht auf Kundenbedürfnisse eingehen? Den Kunden nicht vorher fragen, was er möchte? Erst auf den zweiten Blick macht dieser Gedanke Sinn: Welcher Kunde hätte Ende 2009 in einer Focus Group gesagt, dass das, was er wirklich zum Leben braucht, ein iPad ist? Apple verfolgt die Philosophie des „keine Angst vor dem Scheitern" konsequent. Denn wer mutig nach vorne prescht, macht zwangsläufig Fehler. So passt es, wenn in einem Apple Insider-Blog ein HR-Manager mit den Worten zitiert wird: *„Apple-Vizepräsidenten haben das Recht, Fehler zu machen und dafür nicht zur Verantwortung gezogen zu werden."*

Die Risiko- und Experimentierkultur der untersuchten Firmen ist kein Selbstzweck. Im Gegenteil. Eine hundertprozentige Zielorientierung, Disziplin und solide, detaillierte Planung gehen mit dem Risiko einher. Eine Experimentier- und Risikokultur zu schaffen, bedeutet nicht, die klassischen Methoden der Risikoanalyse außer Acht zu lassen. Es bedeutet auch nicht, Geld aus dem Fenster zu werfen. Sondern innerhalb klar definierter Grenzen und im Hinblick auf klar definierte Ziele Scheitern zuzulassen. Geht das auch in einem Unternehmen, das vom Aktienmarkt und den Analysten der Banken kritisch beäugt wird? Amazon-Chef Jeff Bezos hat darauf eine Antwort: *„Wenn die Mitarbeiter, die Amazon.com betreiben,* *keine bedeutenden Fehler machen, dann würden wir für unsere Aktionäre keinen guten Job machen. Denn wir würden nicht austesten, wie weit wir gehen können."*

1.6 Die Mitarbeiter – Operative Stärken und kreative Schwächen

Die Studie der weltweit innovativsten Unternehmen belegt deutlich: Es kommt nicht darauf an, wie viel Geld in ein Innovationszentrum, in das Wohlergehen der Mitarbeiter oder in die Arbeitsbedingungen investiert wird. Am Ende kommt es darauf an, dass zum richtigen Zeitpunkt die richtige Idee steht. Wenn das nicht der Fall ist, nützt das teuerste und aufwendigste Innovationszentrum nichts. Denn jedes Innovations- und Entwicklungszentrum entwickelt mit der Zeit ein Eigenleben. Bestimmte Herangehensweisen werden von vornherein ausgeschlossen, weil sie in diversen Versuchsreihen zuvor nicht funktioniert haben. Bestimmte Lösungswege bleiben den Entwicklern verschlossen, weil sie zwar die besten Ingenieure der Branche sein mögen, ihnen aber notwendige Puzzle-stücke des Wissens fehlen, um an einer Idee zu arbeiten.

Den Grund kennt die Forschung seit mittlerweile knapp drei Jahrzehnten: Eine falsche Vorstellung von Teamzusammenstellungen und Personalpolitik. Zu viele Unternehmen setzen auf das Kriterium der Branchenerfahrung, weil sie diese Art der Mitarbeiterauswahl im operativen Bereich stark macht. Die operative Stärke jedoch wird schnell zur kreativen Schwäche. Denn das, was vielfach als Branchenerfahrung geschätzt und geachtet wird, ist bei der Entwicklung neuer Ideen nur bis zu einem gewissen Maße hilfreich. Manchmal ist sie sogar hinderlich. Denn jede Branche hat ihre eigenen Wahrheiten und Vorstellungen von dem, was geht bzw. was nicht geht. Wenn von zehn Mitarbeitern neun aufgrund ihrer Branchenerfahrung ausgesucht wurden, ist dies der beste Garant dafür, dass die Abteilung in alten Ideen und Ansätzen verharrt. Die Profile der Mitarbeiter, die die weltweit innovativsten Unternehmen aussuchen, weichen deshalb häufig stark von den Standardprofilen ab.

Nike: „Diversity" als Innovationstreiber

„Es ist nicht ein bestimmtes Produktmodell oder ein bestimmter Manager, ein bestimmter Werbespot, ein bestimmter Prominenter oder eine bestimmte Innovation, die der Schlüssel zu Nike ist. Es sind die Menschen von Nike und ihr einzigartiger und kreativer Weg zusammenzuarbeiten." (Phil Knight, Unternehmensgründer)

Nike hat das, worüber in Politik und Wirtschaft immer wieder geredet wird, konsequent umgesetzt – die Verbindung von Innovation und Diversität. Unter den Mitarbeitern in den USA sind 1 Prozent American Indians, 9 Prozent sind asiatischer, 11 Prozent lateinamerikanischer Abstammung, 20 Prozent Schwarze. 48 Prozent der Mitarbeiter sind Frauen, 52 Prozent Männer. Während woanders der Gleichstellungsbeauftragte dafür plädiert, Menschen mit unterschiedlichem Migrationshintergrund zu integrieren, hat Nike einen Vizepräsidenten für „globale Diversität und Einbeziehung". Die Initiative ging unmittelbar vom CEO aus. Für Nike ist Diversität ein Wettbewerbsvorteil und zentraler Bestandteil der Wachstumsstrategie. Die Philosophie dahinter: Ein breiterer Dialog und tiefere Beziehungen mit unterschiedlichen Communitys als Basis für neue Ideen. Ein Ergebnis: Spezielle Turnschuhe für die stark von Übergewicht betroffene Zielgruppe der Native Americans.

Microsoft: Intelligenz statt Erfahrung

Microsoft-Gründer Bill Gates hat von der ersten Minute an darauf gesetzt, extrem intelligente Mitarbeiter einzustellen. Das Unternehmen „bevorzugt Intelligenz vor Erfahrung". Microsoft stellt nicht Mitarbeiter mit Erfahrung ein und erwartet von ihnen, motiviert zu sein. Sondern intelligente Menschen, die „getrieben" sind und denen Microsoft die Chance gibt, sich über ihren derzeitigen Horizont hinauszuentwickeln. Entsprechend verlaufen die Einstellungstests. Bewerber werden aufgefordert, Probleme zu lösen, die durch Mitarbeiter des Unternehmens vorgegeben werden. Die Kandidaten werden bewusst an ihre Grenzen getrieben, um zu sehen, ob sie in der Microsoft-Umgebung, die von starker Dynamik, ständigem Wechsel und einem leichten Hang zum Chaos geprägt ist, „überleben" können. Wenn kein geeigneter Kandidat gefunden wird, verfolgt Microsoft die Strategie „N minus eins". Es bedeutet, dass keine Positionen gefüllt werden. Wird niemand gefunden, bleibt die Position unbesetzt.

Virgin Group – Revolutionäre mit einer Extraportion Humor

Die Kultur der Virgin Gruppe ist stark durch die Persönlichkeit ihres Gründers Richard Branson geprägt. Leicht exzentrisch, mit einer guten Prise Humor und einer gewissen Form der Respektlosigkeit gegenüber formaler Hierarchie und Autorität. Gleichzeitig wird die Kultur durch harte Arbeit und den Willen zur persönlichen Verantwortung geprägt. Virgin sucht nach Mitarbeitern, die in diese Kultur hineinpassen: Sie sollen ihre Arbeit nicht nur mögen, sondern enthusiastisch lieben. Wie genau „Virgin-ness" genau aussieht, erfährt der Bewerber nicht. Virgin definiert „Virgin-ness" genauso wie die Firma: Etwas Organisches, das sich ständig verändert. Mitarbeiter müssen vor allem eines: Die Werte der Gruppe leben. Und Kunden echten Mehrwert bieten, indem sie „humorvoll, innovativ und im Wettbewerb herausfordernd" sind.

Fiat: Neustart durch den Blick von außen

Bei seinem Neustart mit Fiat setzte CEO Sergio Marchionne auf den Blick von außen. Er platzierte Führungskräfte aus anderen Branchen im Unternehmen und suchte nach talentierten Führungskräften aus dem mittleren Management, die ihre bisherige Karriere zum Teil außerhalb der Unternehmenszentrale verbracht hatten. Dieser Schritt brachte neue Ideen auf den Tisch. Im Marketing führte es dazu, dass sich Fiat mit Apple verglich und komplett neue Marketingideen und -konzepte entwickelte. Möglich wurde dies, als Mitarbeiter aus anderen Industrien, die über größere Erfahrungen im Bereich des Markenaufbaus verfügten, ins Unternehmen geholt wurden. Die Einstellungspolitik von Marchionne ist ein Teil des neuen Erfolgs von Fiat.

Die Entscheidung darüber, welche Mitarbeitertypen das Unternehmen sucht, erfordert gerade im Bereich Innovation eine sorgfältige Abwägung. Durch eine homogene Mitarbeiterschaft mit hoher Branchenerfahrung wird kurzfristig mehr Effektivität erreicht: Weniger Einarbeitungszeit, weniger Zeit durch Diskussionen. Langfristig jedoch führt eine Einstellungspolitik, die nach mehr Heterogenität sucht, zu mehr Kreativität. Für beide Strategien gibt es gute Argumente. Die Einstellungspolitik entscheidet massiv über die Anzahl, die Vielseitigkeit und die Qualität von Ideen im Unternehmen.

1.7 Katalysatorische Führung – Die neue Rolle des Managements

„Befehl! Vorrücken!" Das alte Verhältnis zwischen Chefs und ihren Mitarbeitern war vor allem von Befehl und Gehorsam geprägt. Der Vorgesetzte ordnet an, der Mitarbeiter führt aus. Diszipliniert. Korrekt. Ohne Widerspruch. Hierarchien, die an das Militär erinnern.

Schwer vorstellbar, dass sich Ideen auf die gleiche Art und Weise erzeugen lassen. „Geistesblitze! Jetzt zünden!" Kreativität und klassisches Chef-Mitarbeiter-Denken vertragen sich nur schwer miteinander. Entsprechend sind Führungskonzepte stark im Wandel. Die Managementkonzepte und -philosophien, auf die wir gestoßen sind, unterscheiden sich fundamental von denen, die notwendig sind, um das operative Geschäft voranzutreiben.

Für die bereits zitierten US-Wissenschaftler Alan G. Robinson und Sam Stern besteht das Management von Kreativität in erster Linie darin, Wahrscheinlichkeiten zu erhöhen. *„Es ist vergleichbar mit dem Betrieb einer Spielbank. Obwohl die Spielbank nicht weiß, wie jeder einzelne Spieler an* *jedem einzelnen Tisch abschneidet, weiß sie doch, dass sie, wenn genügend Kunden kommen und lange genug [...] spielen, einen sehr vorhersehbaren und stabilen Profit generiert.* "

US-Buchautor Ray Anthony geht soweit, „Innovative Leadership" als einen eigenen Führungsstil zu identifizieren: *„Eine Person, die ein Maximum an effektiver Kreativität bei ihren Anhängern fördert und darauf ihren Fokus legt.* " Er nennt sie *„Wachrüttler"*, die Menschen dazu bringen, *„Dinge anzugreifen, von denen sie bislang nur geträumt haben.* " Das Management innovativer Unternehmen wirkt dabei als Katalysator für neue Ideen. Entsprechend lässt sich der Führungsstil, auf den wir gestoßen sind, am ehesten als „katalysatorische Führung" bezeichnen. Die Bedeutung dieses Führungsstils ist so groß, dass Sie in diesem Buch ein eigenes Kapitel zu diesem Thema finden.

Katalysatorfunktion 1: Kreativität durch Ziele und Beschränkungen fördern

Ein Team, von dem nur das Mögliche verlangt wird, wird selten das Unmögliche schaffen. Ein Team, das dazu angehalten wird, innerhalb bestehender und erprobter Lösungsmuster zu denken, wird nur wenige Ideen außerhalb dieser Grenzen haben. Anspruchsvolle visionäre Ziele zu setzen und normale Grenzen regelmäßig zu verschieben ist die Grundlage der katalysatorischen Führung.

Intel – Innovation entsteht durch Druck
Ideen lassen sich nicht erzwingen. Aber Druck in Form von hohen konkreten Innovationszielen kann Berge versetzen. Entsprechend zählt eine klare Orientierung an Zielen zu den wichtigsten Führungsprinzipien von Intel. Jeder Mitarbeiter hat ein klares Bild der Unternehmensstrategie und von den Problemen, die zwischen dem Ist-Zustand und dem neuen Produkt stehen. Probleme sind genau definiert, es gilt, sie zu überwinden. Umfangreiche

Tools helfen den Entwicklern, diese hohen Ziele zu erreichen. So findet zwei Mal jährlich das Intel Developer Forum statt. Eine Herausforderung: Intel fordert die Teilnehmer auf, ihre schwierigste technische Frage auf den Tisch zu legen – und sie von einem Expertenpanel diskutieren zu lassen.

General Electric – Die Ideenquote

Schon der geniale Erfinder Thomas Edison, auf den General Electric zurückgeht, hatte ein ehrgeiziges Innovationsziel: *„Eine kleine Erfindung alle zehn Tage, eine große alle sechs Monate."* Dieser Gedanke setzt sich im Unternehmen bis heute fort. Jeder Leiter eines Geschäftsfelds ist dazu verpflichtet, in jedem Jahr drei neue Ideen für Wachstum vor einem speziellen Komitee vorzutragen. So entsteht ein beinahe automatischer Reflex, im eigenen Verantwortungsbereich die Rahmenbedingungen für diese Ideen zu schaffen: Ziele setzen, Grenzen definieren und Mitarbeitern den notwendigen Freiraum geben, innerhalb dieser Grenzen Ideen zu entwickeln.

Amazon – Im Überfluss entstehen keine neuen Ideen

Es gibt ein altes Klischee von Kreativität: Die Tatsache, dass Ideen am besten fließen, wenn Menschen vollkommen frei denken können. Das Gegenteil ist der Fall. Beschränkungen fördern kreatives Denken. Wenn Sie drei Millionen Euro für die Entwicklung einer Werbekampagne haben, denken Sie an einen teuren Werbespot. Wenn Ihre Aufgabe darin besteht, mit 300.000 Euro die gleiche Wirkung zu erzielen wie mit drei Millionen, müssen Sie zwangsläufig kreativ werden. Sie werden in diesem Buch noch mehr darüber erfahren. *„Sparsamkeit fördert Innovationen, genauso wie es andere Beschränkungen tun."* Das ist eine Grundphilosophie von Unternehmensgründer Jeff Bezos. Bis heute ist er einer der Hauptverfechter eines Innovationsansatzes, der Kreativität durch Beschränkungen fördert. So wie bei Google. Auch hier gilt die Philosophie: Massive Beschränkungen in Zeit, Geld und manchmal sogar Ressourcen stimulieren ungewöhnliche Lösungen.

Katalysatorfunktion 2: Kreativität statt Kontrolle – Autonomie als Führungsstil

In der Wissenschaft gilt „intrinsische Motivation" seit Jahren als einer der Hauptfaktoren für Kreativität. Wenn sich Mitarbeiter mit einem Problem auseinandersetzen können, das sie selbst reizt und für das sie Leidenschaft empfinden, werden die Ergebnisse des kreativen Denkprozesses mit hoher Wahrscheinlichkeit besser werden als wenn kreative Aufgaben nach dem klassischen Delegationsprinzip verteilt werden. Der Grund liegt auf der Hand: Wenn Sie wirklich Leidenschaft für ein bestimmtes Thema empfinden, arbeiten Sie sich schneller und tiefer in die Materie ein. Niemand braucht Ihnen zu sagen, was Sie lesen oder recherchieren sollen – Sie tun es von alleine. Und Ihr Kopf hört nicht auf zu denken, wenn Feierabend ist. In einer Reihe von Studien wurde der Faktor „intrinsische Motivation" immer wieder als einer der wichtigsten Punkte für Kreativität genannt. Die von uns untersuchten Unternehmen sind in einer Reihe strategisch wichtiger Innovationsbereiche dazu übergegangen, dass sich Mitarbeiter ihre Themengebiete selbst suchen.

Nike: Freiheit statt Stechuhr

Nur wenige Unternehmen geben Ihren kreativen Mitarbeitern so viel Freiheit wie Nike seinen Hunderten von Designern einräumt. Turnschuhe oder Zubehör bei Nike zu entwerfen, *„bedeutet nicht, gegen die Uhr zu kämpfen, sondern es zu erlauben, der eigenen Leidenschaft zu folgen"*, sagt John Hoke, Vizepräsident für das globale Schuhdesign. Ein Beispiel für eine kreative Unternehmenskultur, die davon geprägt ist, Inspirationen weit außerhalb der klassischen Meetingräume zu sammeln und in Ideen zu verwandeln. *„Wenn Du Dich hinsetzt und Ideen entwickelst, ist es eine Kombination aus allem, was Du in Deinem Leben getan und gesehen hast"*, sagt Tinker Hatfield, Vizepräsident für Innovation. Er ist der Designer des Nike Air Sportschuhs. *„Interessanterweise haben diese Schuhe ihre Wurzeln in der Architektur des Centre George Pompidou in Paris"*, erklärt er. Nike verwandelt diese offene Art des Denkens und die Freiheit, die Designer erhalten, in einen klar messbaren „Return on Creativity". Kurz gesagt: Nike verwandelt kreative Freiheit in Profit.

Google: Die Lizenz zum Träumen

Entwickler von Google haben 20 Prozent ihrer Arbeitszeit zur freien Verfügung, um Projekten nachzugehen, die sie persönlich interessieren. *„Es kommt fast nie so, dass Mitarbeiter sagen: Jeden Freitag arbeite ich daran, woran ich arbeiten möchte"*, sagte Marissa Mayer, Leiterin des Produktmanagements für Suchprodukte in einem Vortrag an der Standford Universität. *„Manchmal passiert das, aber viel häufiger arbeiten Mitarbeiter einige Monate an ihren wichtigsten Projekten und nehmen sich dann frei, um an ihren 20-Prozent-Projekten zu arbeiten."* In ihrem Vortrag beantwortet sie auch eine wichtige Frage vieler Skeptiker: Heißt 20 Prozent freie Zeit nicht, dass das Unternehmen 20 Prozent seiner Produktivität verliert? Um das zu beantworten, hat Mayer die letzten 6 Monate des Jahres 2005 systematisch ausgewertet. Sie hat alle Google-Innovationen nach ihrem Ursprung untersucht: *„50 Prozent aller neuen Google-Produkte kamen aus dieser 20-Prozent-Zeit. Wenn man wirklich intelligenten Menschen wirklich gute Tools an die Hand gibt, dann entwickeln sie sehr gute Dinge. Und sie tun es mit viel Leidenschaft und Dynamik."*

Nokia: Freiheit für eine Woche

Nokia ist ein gutes Beispiel dafür, wie Unternehmen ihren Mitarbeitern für eine begrenzte Zeit Autonomie gewähren können. Die Innovation Week ist der Google-Ansatz begrenzt auf einen bestimmten Zeitraum. Kleine Gruppen aus Mitgliedern unterschiedlicher Forschungslabore suchen sich selbst ein Thema. Sie haben eine Woche Zeit, für dieses Thema Ideen und Konzepte zu entwickeln. Die Ansprüche sind hoch: Idealerweise steht am Ende der Woche ein Demo. Die Innovation Week ist Teil einer Initiative, um kreatives Denken und Handeln immer und immer wieder neu zu beleben. Nokia zeigt, dass es möglich ist, Kreativität durch gezieltes Gewähren von Autonomie zu stimulieren.

Dahinter steckt eine klare Philosophie: Innovation *„muss die ganze Zeit genährt werden"*, beschreibt Lauri Kivinen, Vice President Senior Communication, die Führungsphilosophie des Unternehmens. *„Du lässt Fehler zu, erlaubst es Menschen, große Schritte zu machen und versucht, Energie zu streuen."* Initiativen wie die Innovation Week haben wir in zahlreichen Unternehmen gefunden: Viele kleine Maßnahmen, die dafür sorgen, dass Mitarbeiter immer wieder aus ihrem Alltagstrott ausbrechen, neue Inspirationen bekommen und neue Ideen entwickeln.

Katalysatorfunktion 3: Manager als „Chief Inspiration Officer"

In den von uns untersuchten Unternehmen haben Führungskräfte eine Aufgabe, die in traditionellen Unternehmen eine geringe bis keine Rolle spielt: Sie inspirieren Mitarbeiter. Sie öffnen ihr Unternehmen, ihre Abteilung und ihr Team für neue Perspektiven.

Intel: Ungewöhnliches Delegationsverhalten – Den „Outsider Advantage" erhalten

Wie können Mitarbeiter immer wieder neuen Eindrücken ausgesetzt werden? Und wie können sie immer wieder neue Perspektiven erhalten, damit das erhalten bleibt, was Intel den „Outsider Advantage" nennt? In der Rolle des Ideenkatalysators greift das Management von Intel auch zu unkonventionellen Maßnahmen. Die ungeschriebene Regel, dass die erfahrensten Forscher an das wichtigste Projekt herangehen, wird bei Intel auch einmal bewusst gebrochen. Das Management will den „Outsider Advantage", den Vorteil, den der frische Blick von außen gibt, bewusst nutzen. Eine ungewöhnliche Entscheidung während des TeraHertz-Projekts: Nicht die erfahrensten, sondern die neuesten Mitarbeiter des Unternehmens wurden ausgerechnet an das wichtigste Projekt des Unternehmens herangelassen. Der Grund für diese Entscheidung: Die neuesten Mitarbeiter wissen noch nicht, was unmöglich oder zu schwer ist, und probieren diese Dinge genau deshalb.

McDonald's – Mitarbeiter ständig zu neuen Ideen ermutigen

Wie werden Unternehmen kreativ? McDonald's hat dazu eine Antwort, die beinahe so einfach ist wie die Produktpalette: Wenn jede Führungskraft Innovation als geistige Haltung verinnerlicht hat. Und wenn jeder Mitarbeiter dazu ermutigt wird, Ideen zu entwickeln, die zu Innovationen führen. *„Wir nutzen Führung als ein Vehikel, um eine Kultur der ständigen Verbesserung und der Innovation bei McDonald's durchzusetzen"*, sagt David Small, Leiter der Führungskräfteentwicklung in den USA. Teamleiter und das mittlere Management werden regelmäßig eingeladen, an Innovationspanels teilzunehmen. Führungskräfte sollen selbstsicher sein, aber nicht in einem Maße, *„dass die Wahrnehmung entsteht, andere könnten es nicht besser."*

Google: Inspirieren statt regieren

Google verlangt von seinem Management nichts Geringeres als eine Umkehr klassischer Managementprinzipien. Nicht regieren, sondern inspirieren. Nicht anordnen, sondern befähigen. Konstruktive Auseinandersetzungen nicht verhindern, sondern ermutigen. Und Mitarbeiter zu neuen Ideen, Innovationen und Spaß animieren. Spaß als Katalysator für neue Ideen. Manager als Förderer einer Spaßkultur. Was im ersten Moment utopisch klingt, beruht auf klaren wissenschaftlich fundierten Studienergebnissen. Teresa Amabile interpretiert „Fun" nicht als Spaß im klassischen Sinne, mit Mitarbeitern, die ihre Arbeitszeit am Fußballkicker verbringen, sondern als tiefe Befriedigung und die Erfüllung, die ein Mitarbeiter in seiner Arbeit hat. Google ermöglicht das.

Die Herausforderung: Das Unternehmen der Zukunft schaffen

In den nächsten Jahren werden sich mehr und mehr Manager den Denkansätzen stellen müssen, die wir bei den innovativsten Unternehmen weltweit gefunden haben. Mehr und mehr wird die Frage „Mehr Effektivität oder mehr Kreativität?" abgewogen werden müssen. Denn mehr und mehr werden Unternehmen daran gemessen werden, wie viele Ideen und wie viele erfolgreiche Ideen sie etablieren können. Für das Management erfordert das – auf allen Ebenen – ein Umdenken. Denn Kreativität, das ist bei unserer Untersuchung deutlich geworden, ist nicht etwas, was man am Anfang eines Innovationsprozesses benötigt. Die weltweit innovativsten Unternehmen haben Kreativität tief in ihrer DNA verankert. Jedes Projekt, jede Arbeitsgruppe und jeder Prozess ist so gestaltet, dass Hindernisse durch kreative Lösungen schnell und unkompliziert überwunden werden können, Entscheidungen schnell und unbürokratisch getroffen werden und so Ideen entstehen können, wo andere Unternehmen stecken bleiben.

2.
Innovation beginnt in Ihrem Kopf

Schon Ende 2006 hat die amerikanische *Business Week* das Ende der „Knowledge Economy" prophezeit, also der Wirtschaft, deren Wertschöpfung auf Wissen beruht. *„Was einst für Unternehmen wichtig war – Preis, Qualität und analytische Arbeit kombiniert mit Wissen – verlagert sich sehr schnell zu gut ausgebildeten und niedrig bezahlten Unternehmen in China, Ungarn, Indien und Russland"*, schrieb das Magazin. Die Kernkompetenz von Unternehmen sei künftig Kreativität. Das Magazin nannte es die *„Creativity Economy"*.

Für Mitarbeiter und Manager von Unternehmen bedeutet das: Sie müssen sich komplett umstellen. Für die Karriere der Zukunft müssen Sie Ihr kreatives Potenzial erkennen und einsetzen: Das Neue wagen, statt im Alten zu verharren. Nach Problemen suchen, statt sie zu vertuschen. Unkonventionelle Denkansätze entwickeln statt opportunistische Durchschnittsideen.

Hätten Sie vor zehn Jahren gedacht, dass Stadtpläne, die gelben Seiten und eine Analogkamera eines Tages zu Museumsstücken werden? Hätten Sie gedacht, dass in nur einem Jahr Traditionsunternehmen wie Karstadt, Quelle, Schiesser, Rosenthal Porzellan, Karmann, Woolworth, die Modekette Escada und Märklin in die Insolvenz gehen? Der immer schnellere Wandel, der seit Jahren propagiert wird, ist Realität geworden. Nehmen wir an, Sie arbeiten für eine Kreditkartenfirma: Wer sagt Ihnen, dass Verbraucher in fünf Jahren nicht lieber mit dem Handy als mit der Kreditkarte bezahlen und sich Ihr Unternehmen vollkommen neue Dinge einfallen lassen muss, um Geld zu verdienen? Genau an dieser Stelle wird Kreativität zur wertvollsten Ressource eines Unternehmens: Die Wettbewerbsfähigkeit von Unternehmen entscheidet sich danach, ob sie in der Lage sind, visionäre Denker – in vielen Unternehmen (noch) als „Spinner" verschrien – an sich zu binden. Und Ihre Wettbewerbsfähigkeit als Mitarbeiter entscheidet sich danach, ob Sie in der Lage sind, kreativ zu denken.

Eine der kreativen Eigenschaften, die in Zukunft von enormer Bedeutung sein werden, ist problemorientiertes Denken. Heute bereits geht es in der Wirtschaft in vielen Bereichen nicht mehr darum, Produkte zu verkaufen, sondern Probleme zu lösen. In Zukunft wird das noch wichtiger: Unternehmen werden sich auf die ständige Suche nach Problemen ihrer Kunden begeben. Und zwar nicht nach aktuellen Problemen: Sondern nach Problemen, die die Kunden in drei bis fünf Jahren haben werden und von denen sie heute noch nicht einmal etwas ahnen. Ein Beispiel soll das verdeutlichen. In den Pionierzeiten des Internets sorgte eine neue Entdeckung für eine Revolution in der Kommunikation: Die E-Mail. Plötzlich war es möglich, praktisch jeden Menschen, der an das Internet angeschlossen war, per Mail zu erreichen. Sofort. Und kostenlos. Kreative Köpfe überlegten zu diesem Zeitpunkt: Welche Probleme werden Konsumenten daraus in Zukunft erwachsen? Und sie kamen auf Spam Mails und Viren. Die Produkte, die sie entwickelten, waren Spam Filter, Firewalls, Anti-Viren-Programme und sonstige Sicherheitsbarrieren, mit denen sich Internetnutzer schützen konnten und bis heute können. Diese Form von Kreativität – Probleme drei bis fünf Jahre vorauszuahnen und eine Lösung parat zu haben, wenn das Problem da ist – ist eine der wichtigsten kreativen Eigenschaften, die Sie als Mitarbeiter und als Führungskraft innovativer Unternehmen künftig brauchen. An diesen Beispielen merken Sie bereits, wo Innovation beginnt: In Ihrem Kopf. Die beste Ausbildung, die größte Fachkompetenz und die meiste Erfahrung hilft Ihnen im Zeitalter der Kreativität nichts, wenn Sie nicht in der Lage sind, dieses Kapital in Ihrem Kopf in wertvolle neue Ideen zu verwandeln. Dieses Kapitel wird Ihnen zeigen, wie Sie Ihr kreatives Potenzial aktivieren und Denkschranken beseitigen können.

2.1 Erdbeerdenker und Quittendenker im Management

„Wenn Krieg kommt und ich hätte nichts zu essen, ess ich die auch."
„Sehr saftig ist die nicht. Und auch nicht sehr erfrischend daher."
„Also so zum roh Essen schmecken die ja gar nicht."

Quitte? Keine Chance. Kennt niemand, will niemand! Als Bionade erstmals die Fruchtsorte in der Marktforschung testet, fallen die Reaktionen der Kunden vernichtend aus.

„Würde Sie etwas interessieren, was nach Quitte schmeckt? Zum Beispiel ein Erfrischungsgetränk?"
„Ich würde darauf verzichten."
„Würde ich mir nicht kaufen."
„Da gibt es Früchte, die sich eher eignen."

Nicht einmal hübsch ist die Quitte: Wie „ein hässlicher Apfel", urteilt die Endzwanzigerin mit dem modischen Halstuch. „Erinnert mich so ein bisschen an mein erstes Auto. Mit den Dellen und so", ergänzt eine skeptisch blickende blonde Befragte.

„Welche der folgenden Obstsorten mögen Sie am liebsten?", fragt das Unternehmen in einer großangelegten Umfrage 1.000 Deutsche. „Erdbeeren", antworten 25,4 Prozent. Kirschen und Bananen bringen es auf rund 12 Prozent. Und die Quitte? 0,1 Prozent. In Zahlen ausgedrückt: 1.000 Menschen werden befragt, für einen (!) ist Quitte die Lieblingsfrucht.

Das ernüchternde Fazit: Sie ist hässlich, keiner mag sie, keiner will sie. Arme kleine Quitte.

Was tut ein vernünftiger Manager in dieser Situation? Wahrscheinlich das, was die Mehrheit aller vernünftigen Manager tun würde. Sie würden Quitte niemals auf den Markt bringen. Sondern Fruchtsorten, die Menschen mögen. So wie Erdbeer.

Quittendenker und Erdbeerdenker

Vernünftige Manager sind Erdbeerdenker. Sie entwickeln Produkte, die ihre Kunden wollen, verselen sie mit Marketingbotschaften, die ihre Kunden mögen, und erfüllen alle Erwartungen. Erdbeerdenker bringen Erdbeerlimonade auf den Markt und bewerben sie mit einem Plakat, das alle Gesetze des Marketings befolgt. Wie zum Beispiel: „Wecke die Aufmerksamkeit deines Konsumenten durch den Einsatz attraktiver Rollenbilder." Oder: „Verwende einen Slogan, der zu deinem Produkt passt und den Konsumenten mögen." Auf dem Plakat des Erdbeerdenkers räkelt sich ein Model zum Slogan „Zeit für mich." Und weil Erdbeerdenker ganz auf Nummer sicher gehen, testen sie das Plakat so lange, bis es allen Kunden gefällt.

Es gibt auch einen anderen Typus Manager: Die Quittendenker. Sie sagen: „Wir tun es trotzdem!" So wie Bionade. Statt das Projekt zu kippen investiert es Millionen, verstößt gegen alle Gesetze der Marktforschung und hat Erfolg. *„Natürlich wäre es einfacher gewesen, Apfel oder Birne zu verkaufen"*, sagt Bionade-Geschäftsführer Peter Kowalsky. *„Aber wir haben*

Abbildung 4: Die Marktforschung – Liebling der Erdbeerdenker

von Anfang an bewusst auf ungewöhnliche Geschmackssorten gesetzt." Nach wenigen Wochen ist die kleine hässliche Quitte ausverkauft. „Spirit of Georgia", das Konkurrenzprodukt von Coca Cola, und viele andere Getränke, die laut Marktforschung eigentlich hätten funktionieren müssen, haben es deutlich schwieriger. Die Quittendenker haben gesiegt.

Power statt Powerpoint – die Spielregeln der Quittendenker

Was machen Quittendenker anders? Sie tun das, was der Mehrheit von Managern seit Jahren systematisch aberzogen wird: Sie stellen Regeln auf den Kopf statt sie blind zu befolgen. Sie glauben an ihre Ziele statt sich ihre Maßnahmen in Hunderten von Tests bestätigen zu lassen. Sie haben den Mut, ihre Kunden zu irritieren, anstatt ihnen nach dem Mund zu sprechen. Und die Erdbeerdenker? Sie sind Manager, die perfekt gelernt haben, Märkte und Kennzahlen in Powerpoint-Folien zu pressen, Mitarbeiter zu führen und Strategien zu entwickeln, Prozesse aufzusetzen und Managementtools zu verwenden, Bilanzen zu lesen und mit ein bisschen Geschick sogar elegant aufzupolieren. Nur eines haben sie nicht gelernt: Gegen den Strom zu denken. Quittendenker träumen, Erdbeerdenker analysieren. Quittendenker probieren aus, Erdbeerdenker berufen das nächste Meeting ein. Quittendenker gehen Risiken ein, Erdbeerdenker suchen nach Ideen mit Vollkaskoschutz. Quittendenker sind Entdecker, Erdbeerdenker würden niemals Neuland betreten – außer in Begleitung eines TUI-Reisebegleiters.

Würden Sie Quitte oder Erdbeer auf den Markt bringen? Und wie ist es in Ihrem Unternehmen? Wird es von Entdeckern oder von Pauschaltouristen geleitet? Natürlich kann man Quittendenker als wagemutige Spinner abtun und den Erfolg der Bionade-Kampagne als Zufall. Doch Erdbeerdenker in Reinkultur sind eine aussterbende Spezies.

Quittendenker haben Prinzipien, die in den Managementetagen von heute als kühn gelten. Es sind ungewöhnliche Prinzipien, durch die sie Ungewöhnliches erreichen können. Prinzipien, die Unternehmen und ihren Führungskräften helfen, kreativer zu werden.

Arbeit ist das größte Abenteuer, das es gibt

Quittendenker leben in Visionen. Sie kreieren nicht irgendein neues Getränk, sondern „das offizielle Getränk einer besseren Welt." Sie produzieren – wie der Spülmaschinenhersteller Hobart – nicht einfach nur die nächste Gerätegeneration, sondern sie stellen eine mutige Vision auf: „Waschen ohne Wasser." Sie kämen niemals auf den Gedanken, andere im Markt zu kopieren. Sie verfolgen Philosophien wie der Kosmetikhersteller Kenzo: „Don't follow consumers."

Erdbeerdenker haben auch Visionen, aber andere. Ihr Getränk soll weder die Welt verbessern noch die Gesellschaft verändern, sondern einfach nur die Absatzzahlen steigern. Und zwar bitte ohne jedes Risiko. Erdbeerdenker haben ihren Bauch weitgehend ausgeschaltet und beauftragen die Marktforschung, Segmente für dieses neue Getränk zu erkunden. Sie fragen Konsumenten, welche Werbesprüche sie gerne hören möchten und kommen so zum neuen Produkt. Ihre Philosophie lautet: „If you follow consumers you can't be wrong."

Quittendenker bleiben Rebellen, auch wenn sie Krawatte tragen – Erdbeerdenker bleiben Konformisten. Quittendenker sind Pioniere – Erdbeerdenker plädieren leidenschaftlich für „Fast Follower"-Strategien und führen ganze Branchen in die Eintönigkeit. Für Quittendenker ist Arbeit das größte Abenteuer, das es gibt – für Erdbeerdenker ein sicherer Job.

Eine Firma voller Gleichdenker ist der sicherste Weg in die Eintönigkeit

„Oh ja, das wäre toll. Das wäre fantastisch. So viel Mut hätte ich auch gerne, aber bei uns geht das nicht." Das ist die häufigste Aussage, die man von Managern hört, wenn es um neue Ideen geht. Eigentlich würden sie gerne tollkühne Pioniere sein, doch sie sind in Systemen gefangen, die allenfalls

Pauschalreisen zulassen. Eine Firma voller Mitarbeiter, die ähnlich denken und ähnlich entscheiden. Und in der Anpassung belohnt wird.

Ein Gedankenspiel: Einer Ihrer Mitarbeiter entwickelt eine Idee für ein innovatives Geschäftsmodell. Sie sind von der Idee begeistert – trotz Kritik aus der Geschäftsführung. Sie befragen Ihre Kunden, ob sie das Geschäftsmodell gut finden würden. Die Antwort: „Wissen wir nicht genau." Sie befragen die verschiedenen Abteilungen in Ihrem Unternehmen: Marketing, Verkauf, Einkauf. Von überall ein klares Jein: „Hohes Risiko, ob das funktioniert?" Sie setzen sich für die Idee ein, weil Sie persönlich von ihr überzeugt sind. Sie kämpfen, Sie erhalten ein Budget und setzen die Idee voll in den Sand. Die Bedenkenträger um Sie herum hatten dummerweise recht. Die Idee funktioniert nicht.

Ein halbes Jahr später steht die Entscheidung für die nächste Karrierestufe an. Wer wird zuerst befördert? Der Erdbeerdenker, der mit bewährten Methoden Erfolge erzielen konnte und dabei keine Fehler gemacht hat? Oder der Quittendenker? Als Belohnung dafür, dass er innovativ und kreativ denkt, auch wenn nicht alles funktioniert? Wenn Sie zu ersterem tendieren, haben Sie eine Antwort darauf, warum es Quittendenker in Unternehmen mit ihren gewachsenen Strukturen und ihrer firmeninternen Politik so schwer haben. Sie fallen häufiger auf die Nase. Wenn ein Erdbeerdenker scheitert, dann tut er das, weil die Marktforschung falsche Ergebnisse geliefert hat, weil die Berater schlecht beraten haben oder die Werbeagentur versagte. Aber nicht, weil seine Denkwege verkehrt waren. Wenn ein Quittendenker scheitert, dann tut er das, weil er spinnt. So jedenfalls wird es in vielen Unternehmen gesehen.

Eine Firma voller gleich denkender Menschen macht aus kühnen Quittendenkern binnen kürzester Zeit zurechtgestutzte Erdbeerdenker. Falls sie nicht vorher gekündigt und den Erdbeerdenkern das Feld überlassen haben. Quittendenker im Management haben ein anderes Prinzip: Sie belohnen innovatives Denken und suchen nach Mitarbeitern, die anders ticken als sie selbst. Um nicht in der komfortablen Eintönigkeit der Erbeerdenker gefangen zu sein,

Ungewöhnliche Ideen entstehen nur in ungewöhnlichen Firmen

Was ist Irrsinn? Der ehemalige US-Präsident Benjamin Franklin hatte seine ganz persönliche Definition: „Die gleichen Dinge immer und immer wieder tun – und dabei andere Ergebnisse erwarten." Erdbeerdenker tun genau das.

Sie versuchen immer und immer wieder, bahnbrechende neue Ideen in den bewährten Strukturen zu entwickeln. Und sie scheitern: Jemand hat eine tolle Idee, aber findet niemanden, der die Idee unterstützt. Oder die Idee bleibt irgendwo in den Mühlen der Hierarchieebenen stecken. Der normale Prozess mit festen Abläufen und Zuständigkeiten, Meetings und Kriterien, Formalien und Vordrucken tötet jeden Anflug kreativen Handelns. Erdbeerdenker sagen: „Ideen haben sich der Struktur anzupassen." Quittendenker antworten: „Schafft die Strukturen, die Ideen ermöglichen."

Abbildung 5: Quittendenker haben ungewöhnliche Methoden

Ideen sind das Kapital von morgen

Ein kluger Visionär hat einmal gesagt: *„Das Gestern interessiert mich nicht. Mich interessiert nicht einmal das Heute, denn daran kann ich wenig ändern. Mich interessiert nur das Morgen."* Es sind die Ideen von heute, die morgen den Gewinn bringen. In kreativen Unternehmen sind Ideen folglich das wichtigste Kapital. Unternehmen werden in Zukunft mehr und mehr an ihrer „Corporate Creativity" gemessen werden. Daran, ob sie in der Lage sind, Ideen für morgen zu entwickeln. Oder ob sie – wie die Musikindustrie, die Fotoindustrie und aktuell die Verlagsbranche – im Alten verharren und selbst zum Auslaufmodell werden. Kaufen Sie heute noch eine CD? Fotografieren Sie noch mit Agfa? Und wie lange dauert es noch, bis Sie Ihr Zeitungsabo kündigen? Und werden dann die Ideen marktreif sein, die die Erdbeerdenker heute verhindern?

2.2 Ausflug in die Hirnbiologie: Warum Ihr Kopf so flexibel wie eine deutsche Behörde ist

Vielleicht haben Sie beim Lesen häufiger gedacht: „Eigentlich gar nicht schwer. Klingt ja irgendwie auch ganz logisch. Aber irgendwie fällt es mir schwer umzudenken." Ich weiß nicht, wie alt Sie sind, aber ich vermute, dass Sie schon einige Jahre sozialer Prägung hinter sich haben: Die Schulzeit, die Ausbildung, das Studium, unzählige Weiterbildungen, die Jahre im Unternehmen, das alles hat Spuren hinterlassen. Und jetzt steht da in einem Buch, dass Sie umdenken sollen. Eine neue Führungsphilosophie nicht nur erlernen, sondern leben. Und das scheint Ihnen möglicherweise so schwer als würden Sie einen katholischen Priester davon überzeugen wollen, mit 55 doch noch schnell das Lager zu wechseln und den evangelischen Glauben anzunehmen. Selbst wenn Sie die besten Argumente der Welt hätten, wahrscheinlich würden Sie eher einen Pinguin zum Sprechen bringen als das zu schaffen.

Ähnliches werden Sie erleben, wenn Sie Mitarbeiter, die jahrelang durch das System von Befehl und Gehorsam geprägt wurden, dazu bringen möchten, kreativ zu denken und Regeln zu brechen. Es fällt diesen Mitarbeitern schwer, anders, neu und ausgefallen zu denken. Warum ist das so? Ich möchte Ihnen auf den folgenden Seiten einen kurzen Überblick über das geben, was in Ihrem Kopf und im Kopf Ihrer Mitarbeiter bezogen auf Kreativität passiert. Es wird Ihnen helfen zu verstehen, warum Sie Kreativität nicht einfach anordnen können. Und warum Sie einen langen Atem brauchen, wenn Sie Skeptiker von neuen Wegen überzeugen wollen. Sie wollen den Kampf gegen die Bedenkenträger in Ihrem Unternehmen aufnehmen? Dann sollten Sie wissen, warum diese häufig gar nicht anders können als Neues abzulehnen. Wenn Sie verstehen, was in den Köpfen vorgeht, werden Sie Ablehnung nicht mehr persönlich nehmen.

Diese grundsätzlichen Kenntnisse werden Ihnen Argumente geben, wenn Sie eine bestimmte Aufgabe einmal nicht an die Mitarbeiter weitergeben, die darin die größte Erfahrung haben, sondern an die Mitarbeiter, die mit neuem und frischem Blick an die Aufgabe herangehen. Die folgenden Seiten werden es Ihnen einfacher machen zu verstehen, warum es sinnvoll ist, Mitarbeiter mit verschiedenen Denk- und Sichtweisen an kreative Projekte heranzulassen. Oder Außenstehende in Workshops mit einzubeziehen. Und diese Kenntnisse werden Sie dabei unterstützen, mit Ihren eigenen Zweifeln umzugehen. Wenn Sie verstehen, wie Ihr Kopf funktioniert, werden Sie sich häufiger einmal fragen können: „Sind meine Gründe real? Oder lehne ich bestimmte Denkweisen nur ab, weil sie ungewohnt sind?"

Erfahrung: Wertvolles Kapital mit einer Kehrseite

Im Laufe unseres Lebens entwickeln wir sehr genaue Vorstellungen davon, wie Dinge korrekt erledigt werden, welche Lösungen funktionieren und welche Ansichten richtig sind. Als Manager bekommen Sie ein Gespür dafür, was Kunden wünschen, wie Mitarbeiter geführt werden sollten und wie ein Unternehmen strategisch ausgerichtet werden muss. Ein Universitätsprofessor hat genaue Vorstellungen davon, welches Wissen für seine Studenten wichtig ist, ein Politiker weiß, wie man sich ausdrücken muss, damit man nicht falsch interpretiert wird, ein Journalist kann zielsicher beurteilen, welche Themen für den Abdruck in einer Zeitung wichtig und welche unwichtig sind.

Dieses Wissen ist das Kapital erfahrener Menschen. Erfahrung ist gerade in unübersichtlichen Zeiten ein guter Lotse, sie ist unerlässlich, um aus dem Bauch heraus Entscheidungen zu treffen. Stellen Sie sich vor, Sie müssten vor jeder Entscheidung eine Pro- und Kontra-Liste aufstellen. Sie würden es nicht einmal schaffen, morgens pünktlich zum Arbeitsplatz zu kommen. Frühstücksei oder nicht? Die braunen Schuhe oder die schwarzen Schuhe? Auto fahren oder den Zug nehmen? Die Zeitung von vorne bis hinten durchlesen oder nur das, was wichtig ist? Für all diese Entscheidungsfragen kennt Ihr Kopf eine fantastische Abkürzung: Die Erfahrung. „Ich bin schon immer Auto gefahren, so auch heute." Punkt. Nachgedacht wird immer nur, wenn es um Grundsätzliches geht. Steht die Entscheidung einmal, dann bitte nicht mehr an ihr rütteln. Denn die Erfahrung hat gezeigt, dass sie gut ist. Erfahrung lässt sich an keiner Schule erlernen und durch nichts ersetzen. Ihre Erfahrung macht Sie einmalig. Dass Sie auf das Kapital Ihrer Erfahrungen zurückgreifen und sie im Bruchteil einer Sekunde anwenden können, ist ein Wunder, dessen Entstehung zu den faszinierendsten Leistungen des menschlichen Gehirns gehört.

Der Radarfallen-Reflex

Sie fahren in Ihrem Auto mit überhöhter Geschwindigkeit auf einer Landstraße. Plötzlich bemerken Sie rechts am Straßenrand eine Radarfalle. Sofort treten Sie auf die Bremse. Warum haben Sie gebremst? Mit hoher Wahrscheinlichkeit lautet Ihre Antwort: „Ich bin zu schnell gefahren und wollte keine Strafe zahlen." Diese Aussage klingt schlüssig, ist aber nur im Prinzip richtig. Denn es würde voraussetzen, dass Sie über die Konsequenzen nachgedacht haben. Haben Sie das? Haben Sie innerlich abgewogen, was dieser Kasten am Straßenrand wohl zu bedeuten hat und welche Konsequenzen es hätte, wenn es gleich blitzen würde? Wahrscheinlich nein. Sie haben reflexartig gebremst. Sie wurden nicht von Ihrem aktiven Verstand, sondern Ihrer Erfahrung geleitet, einem schwer definierbaren Gefühl, das Ihnen gerade einige Punkte in Flensburg erspart hat.

Im täglichen Leben werden wir mehr von Gefühlen wie dem Radarfallenreflex geleitet als uns bewusst ist, vielleicht sogar mehr als uns lieb ist. Wer sich mit diesen unterbewussten Vorgängen beschäftigt, versteht, warum Erfahrung ein einmaliges Kapital ist, das wertvoll, aber auch hinderlich sein kann. Denn das Kapital Erfahrung hat eine Kehrseite: Es birgt die Gefahr in sich, dass vieles so bleibt, wie es schon immer war. Die Probleme von heute werden so angegangen wie die Probleme von gestern. Jahrzehntelange Wahrheiten müssen nicht überprüft werden, weil sie schließlich jahrzehntelange Wahrheiten sind.

Wenn Sie sich ausschließlich auf Ihre Erfahrungen verlassen, verlieren Sie schnell den Blick dafür, dass alles auch ganz anders sein könnte. Vielleicht werden Sie jetzt sagen: „Ich bin nicht so! Ich bin flexibel im Denken!" Wenn das wahr wäre, wären Sie ein hirnbiologisches Wunder. Unser Gehirn drängt geradezu darauf, dass wir einmal bekannte Lösungen nicht ständig wieder infrage stellen. Unser Gehirn ist in diesem Bereich so flexibel wie eine deutsche Behörde.

Das Amt für emotionale Stabilität

Stellen Sie sich Ihr Gehirn für einen Moment als riesige Behörde vor, deren wichtigste Aufgabe darin besteht, für ein ausgeglichenes Lebensgefühl und emotionale Stabilität zu sorgen. Zehntausende Beamte sind damit be-

schäftigt, Informationen zu sammeln und zu bewerten, Anfragen zu beantworten und Entscheidungen zu treffen. Jeden Tag werden neue Akten
angelegt, bearbeitet und ergänzt, ganze Berge von Akten werden auf
kleinen Rollwagen durch die Gänge geschoben. Von diesen vielen kleinen
Dingen bekommen Sie als Behördenleiter nichts mit. Offen gesagt wollen
Sie auch nicht zu viel mitbekommen. Zu viele Details würden Sie verwirren.
Ähnlich funktioniert unser Gehirn. Der Großteil dessen, was in unserem
Kopf vorgeht, gelangt niemals in das Bewusstsein. Sie bekommen davon
nichts mit. Und wenn es in unser Bewusstsein gelangt, dann niemals voll-
ständig. Das Unterbewusstsein ist ständig damit beschäftigt, Informationen
zu filtern, mit Assoziationen anzureichern und in leicht konsumierbare
Häppchen zu verwandeln.

Wie das Gehirn Informationen filtert

Ein sehr wichtiger Teil Ihrer inneren Behörde ist die „Abteilung zur Bewertung eingehender Reize", die darüber entscheidet, ob eine Information
an die Chefetage, eine Fachabteilung oder den Papierkorb weitergeleitet
wird. Als Behördenleiter werden Sie nur dann involviert, wenn der Vorgang
neu und wichtig ist.

Der Bremer Hirnforscher Gerhard Roth geht davon aus, dass das menschliche Unterbewusstsein Informationen nach einem solchen Muster vor-
filtert. Es gibt ein System, das darüber entscheidet, ob sich Ihr Bewusstsein
mit einem Problem beschäftigt, Sie also Ihre Aufmerksamkeit einer Sache
widmen oder nicht. Dieses System, so Roth, unterteilt alles, was Sie wahrnehmen, nach den Kriterien „wichtig – unwichtig" sowie „bekannt – nicht
bekannt": *„Nur wenn die Bewertungsinstanz ein Geschehnis oder eine Aufgabe als wichtig oder neu einstuft – etwa wenn neue Bedeutungen zu erfassen, komplexe Probleme zu lösen und neue motorische Fähigkeiten zu
erlernen sind –, wird das Bewusstseins- und Aufmerksamkeitssystem voll
eingeschaltet."*

Auch an Vollständigkeit ist Ihr Gehirn nicht interessiert. Um komplette Sachverhalte zu erfassen, genügen einige Schlüsselinformationen. Ihr Kopf reduziert die anfallende Datenmenge drastisch: Auf ein Millionstel. Anschließend reichert Ihr Kopf die Daten mit Assoziationen an und verknüpft sie mit Bekanntem. In der Wissenschaft wird dieser Vorgang auch der „Flaschenhals der Reduktion" (nach Becker-Carus) genannt. Zur Verdeutlichung ein paar Zahlen: In jeder Sekunde strömen circa 10^9 bit auf das menschliche Gehirn ein. Diese Daten werden auf 10^2 bit/s reduziert und anschließend auf 10^7 bit/s angereichert. Auch ohne den Taschenrechner zu zücken wird schnell klar: Wir alle bekommen von der Realität fast nichts mit.

Der Autopilot in Ihrem Kopf

Noch etwas verhindert Kreativität. Unser Kopf neigt dazu, auf Autopilot umzuschalten, und möchte am liebsten den Großteil des Arbeitstages im Modus „Autopilot" verbringen. Versetzen Sie sich kurz in Ihre Fahrschulzeit zurück: Damals konnten Sie kaum das Gas- vom Bremspedal unterscheiden und brachten beim Abbiegen jeden zweiten Fußgänger in Lebensgefahr. Und heute? Spiegel, Blinker, Blick zur Seite, Spur wechseln. Dieser Vorgang, der Ihren Fahrlehrer damals an den Rand der Verzweiflung brachte, läuft vollautomatisch ab. Während Ihr Unterbewusstsein Sie durch den Stadtverkehr lotst, können Sie über die Freisprechanlage mit Ihrem Chef telefonieren, Verhandlungen mit Geschäftspartnern führen oder sich über den schlechten Service Ihres Mobilfunkanbieters beschweren. Sie haben den Kopf frei für die großen Dinge und Entscheidungen des Lebens, Ihr Unterbewusstsein regelt den Kleinkram. Oder anders ausgedrückt: Ihr Gehirn kommt ganz gut ohne Sie zurecht.

Auch dieses Phänomen kann die Forschung erklären: Wenn Sie Informationen abspeichern, entstehen in Ihrem Gehirn Bahnen, gigantische Zellennetzwerke, denen zum Teil komplette Aufgaben übertragen werden. Wissenschaftler reden von sogenannten neuronalen Netzen. Wenn Sie häufiger mit einem bestimmten Problem konfrontiert werden, legt Ihr Gehirn Lösungsmuster an. Werden Sie anschließend erneut mit dem Problem konfrontiert, aktiviert Ihr Gehirn diese biochemische Verknüpfungen und die Lösung ist da. Je mehr sich dieser Prozess automatisiert, desto weniger bekommen Sie davon mit. Radarfalle? Bremsen! Gerhard Roth formuliert es so: *„Unser Gehirn versucht stets, Abläufe so weit wie möglich zu automatisieren (und damit aus dem Bewusstsein zu verbannen); denn dadurch wird seine Arbeit schneller, effektiver und stoffwechselphysiologisch billiger."*

Kreativität: Ein Frontalangriff auf Ihre Denkmuster

Je ausgefeilter Ihre Lösungsmuster werden, desto klarere Vorstellungen entwickeln Sie von dem, was gut und was schlecht, was wichtig und was unwichtig ist. Sie überlegen nicht mehr, Sie bekommen ein Gefühl dafür, wie Dinge zu bewerten und zu erledigen sind. Ich wette, dass Sie sich zu Beginn Ihrer Karriere weit mehr an Musterlösungen und Methoden geklammert haben als Sie es heute tun. Und dass Sie heute viel besser darin sind zu improvisieren. Warum? Weil Sie ein Gefühl für Ihre Aufgabenbereiche bekommen haben. Was Sie als „Gefühl" wahrnehmen, ist in Wahrheit die Essenz einer jahrelangen Informationsanalyse.

Am Anfang überlegen Sie als Manager, wie Sie Ihr gesammeltes Wissen aus der Business School oder dem BWL-Studium plötzlich umsetzen sollen. Sie rätseln, ob es besser ist, Ihrem Vorgesetzten eine SWOT-Analyse vorzuschlagen, eine Marktsegmentierung anzuregen oder den Mund zu halten. Vom ersten Tag an analysiert Ihr Kopf das Verhalten anderer Führungskräfte, lernt, welche Methoden als gut und welche als schlecht betrachtet werden, und achtet darauf, wie Ihr Verhalten ankommt. Sie passen sich an die Kultur Ihres Unternehmens an. Ihr Gehirn läuft dabei auf Hochtouren. Sie bemerken es nur dadurch, dass Ihnen abends der Kopf schwirrt und Sie sagen: „Heute war so viel Neues, ich muss das erst einmal verarbeiten." Ihr

Hirn bewertet jede neue Information nach dem Schema „gut" beziehungsweise „schlecht", wobei es Teile fremder Bewertungssysteme übernimmt und zu eigenen macht. Jedes Mal, wenn Sie eine Empfehlung abgeben und Ihr Chef freundlich nickt, speichert Ihr Kopf: „Gut." Und jedes Mal, wenn Sie auf Granit beißen, speichert Ihr Kopf: „Schlecht". So entsteht das, was wir die „Scheren im Kopf" nennen, unbewusste Denkschranken, die ganze Unternehmen, ja mitunter ganze Branchen prägen. Über diese Scheren im Kopf werden Sie gleich noch mehr erfahren.

Das Gefühl für eine Sache entsteht aus Hunderten, wenn nicht Tausenden solcher Bewertungsvorgänge. Vielleicht verstehen Sie jetzt, warum neue Ideen einem Frontalangriff auf die bewährten Denkmuster gleichkommen und warum wir häufig Schwierigkeiten haben, neue Ideen mit offenen Armen aufzunehmen. Ihr Gehirn ist äußerst träge, wenn es darum geht, die alten Denkweisen abzulegen. Offen gesagt können wir darüber auch ganz froh sein: Wer möchte schon jeden Tag mit seiner Lebensphilosophie bei null anfangen?

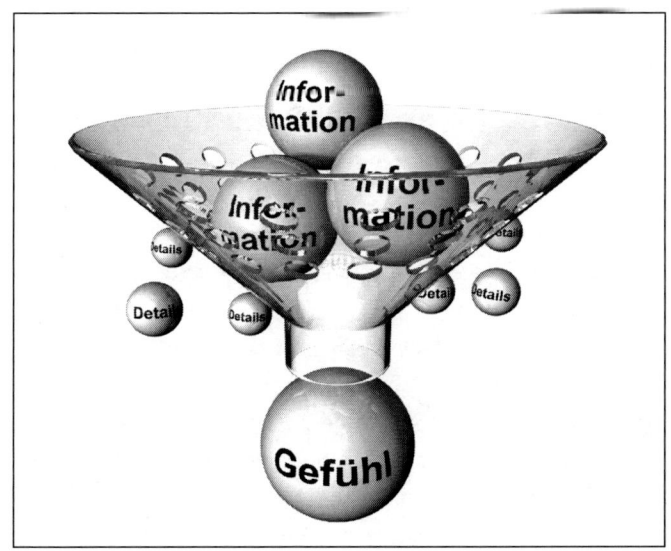

Abbildung 6:
Wie das Gefühl
für eine Sache
entsteht

Veränderung kommt nicht von alleine

Das „Amt für emotionale Stabilität" hat nur ein sehr begrenztes Interesse daran, bewährte Bewertungssysteme und Lösungsansätze von sich aus infrage zu stellen. Schließlich war es harte Arbeit, sie aufzubauen. Deshalb gilt: Wie in einer echten Behörde kommt Veränderung selten von alleine. Wenn Sie sich als Leiter damit zufriedengeben, dass Ihre Mitarbeiter pedantisch die Vorschriften einhalten und Dinge genau so erledigen, wie sie schon immer erledigt wurden, dann wird folgendes passieren: Ihre Mitarbeiter werden pedantisch die Vorschriften einhalten und Dinge genau so erledigen, wie sie schon immer erledigt wurden.

Wenn Sie etwas verändern wollen, müssen Sie die Initiative ergreifen und Ihrer Gehirnverwaltung einen Tritt geben. Sie müssen die Vorschriften außer Kraft setzen und für bekannte Probleme bewusst, ganz bewusst, neue Lösungsansätze finden. Wie in einer echten Behörde werden Sie dabei auf Widerstand stoßen. Akzeptieren Sie diesen Widerstand als hirnbiologisches Phänomen, aber lassen Sie sich nicht beirren. Veränderung ist unbequem. Wie in einer echten Behörde eben.

2.3 Achtung! Scheren im Kopf! – Denkblockaden und wie Sie sie beseitigen

> *„Denken Sie doch mal in vollkommen neue Richtungen."*
> *„Seien Sie kreativ."*
> *„Machen Sie sich doch mal frei im Kopf."*

So oder so ähnlich klingt es, wenn Sie aufgefordert werden, neue Ideen zu entwickeln. Einfach alles hinter sich lassen, den „Reset"-Schalter im Kopf drücken und vollkommen neu denken. Und? Klappt es? Auf Knopfdruck alle Beschränkungen vergessen, die es gibt? Sie sind im Marketing der Pharmabranche tätig. Vergessen Sie doch schnell mal sämtliche Beschränkungen, die der Branche im Bereich der Werbung auferlegt sind. Oder Sie sind Wirtschaftsprüfer. Werfen Sie doch mal eben schnell alles über Bord, was Sie über das Handelsgesetzbuch gelernt haben. Was, das geht nicht? Sie sind aber unkreativ!

Machen Sie sich darüber keine Gedanken. Mit Ihnen ist alles in Ordnung. Ich habe den Ausflug in die Hirnbiologie absichtlich so ausführlich gestaltet, weil einer der Klassiker unter den Ratschlägen lautet: „Man muss nur einfach mal querdenken Alle Beschränkungen vergessen. Und vollkommen frei im Kopf sein." Jeden, der Ihnen so einen Rat gibt, können Sie gleich hochkant aus dem Büro hinausbefördern. Sie können sich Ihre Scheren im Kopf nicht mal eben operativ entfernen lassen. Wenn das funktionieren sollte, müssten Sie Ihr Gehirn gleich mit herausnehmen lassen. Und das hätte doch recht unangenehme Nebenwirkungen.

Viel wichtiger ist es zu erkennen, wo und wann Ihre Scheren im Kopf aktiv werden. Finden Sie heraus, welche Scheren bei Ihnen aktiv sind. Und erfahren Sie, wie Sie diese Scheren bei sich selbst und bei Ihren Mitarbeitern überwinden können. Nicht gänzlich und nicht von heute auf morgen, dagegen spricht die Hirnbiologie. Aber mit etwas Training und Geduld lässt sich Ihr Kopf auf neue Gedankenspiele ein.

Schere 1: Die Gewohnheitsschere
Sie sehen etwas Ungewohntes: Eine neue Idee, eine quergedachte Lösung. Statt zu jubeln, spüren Sie erst einmal ein Gefühl der Ablehnung. „Das sieht aber merkwürdig aus", denken Sie. Vielleicht neigen Sie auch dazu zu sagen: „Spinner." Warum ist das so? Ganz einfach: Unser Gehirn zieht automatisch bekannte Lösungen unbekannten vor. Das geht schneller als ständig nach neuen Lösungen zu suchen. Die Gründe dafür haben Sie kennengelernt. Etwas Neues zu akzeptieren bedeutet umzulernen. Sie können den Test an sich selbst machen. Nachdem Sie sich lange in Ihr neues Mailprogramm hineingearbeitet haben, nachdem Sie endlich wissen,

wo welche Menüpunkte zu finden sind, und nachdem Sie endlich herausgefunden haben, wie Sie Mails kategorisieren können, taucht plötzlich folgende Meldung auf: „Version 3.1. jetzt downloaden. Neue Benutzeroberfläche." Wie reagieren Sie?

a. „Ja, super, mir wurde schon langweilig mit der alten Benutzeroberfläche!"
b. „Ich hatte sowieso im Urlaub nichts vor, da kann ich auch zur Weiterbildung gehen und umlernen."
c. „Um Himmels willen, wie kann ich diesen Download verhindern?"

Ich wette, Sie haben eine leichte Tendenz zu c. Das ist die Gewohnheitsschere. Übrigens auch ein Grund, warum sich innovative Lösungen häufig schwerer am Markt durchsetzen als man es zunächst denkt. Auch Konsumenten haben Scheren im Kopf, die eine solide Mauer gegen das Neue bilden.

Wie Sie diese Schere deaktivieren: Arbeiten Sie wie immer die Lösung aus, die Ihr Gehirn ausspuckt. Und verbieten sie sich gleich wieder. Stellen Sie sich vor, Ihr Chef würde Ihnen sagen: „So geht das nicht. Ich will alles noch einmal neu." Damit zwingen Sie Ihr Gehirn, die Gewohnheitsschere auszuschalten. Mitarbeiter mit Gewohnheitsscheren im Kopf setzen Sie mit einfachen Fragen schachmatt. Auf den Klassiker unter den Ideenkillern „Das haben wir noch nie so gemacht" reagieren Sie mit: „Ist das jetzt gut oder schlecht?" Wenn er „schlecht" sagt, bitten Sie um eine fundierte Begründung. Sie brauchen nur noch abwarten, bis er sich verzettelt.

Abbildung 7: Wenn wir es nicht kennen, kann es nicht gut sein

Schere 2: Die Machbarkeitsschere

„Geht nicht!" Sobald Sie eine Idee haben, die irgendwie merkwürdig klingt oder unerreichbar scheint, spuckt Ihr Kopf tausend Einwände aus, warum es nicht funktionieren kann. In der Steinzeit hatte es durchaus Sinn, dass die Natur uns so programmiert hat. Es schützte die Menschen davor, sich blind auf das nächste Mammut zu stürzen und zu versuchen, es mit bloßen Händen zu erlegen. Weil irgendein schlauer Kopf gesagt hat: „Geht nicht. Mammut zu groß." Die Machbarkeitsschere steht der Ideenfindung ständig im Weg. Sie ist die Waffe der Bedenkenträger. „Viel zu teuer." „Da haben wir nicht das richtige Personal." „Das ist praktisch nicht umsetzbar." Und das Schlimme ist: Meistens haben sie auch noch recht. Die Idee ist wirklich zu teuer, es ist wirklich kein Personal vorhanden und die Wahrscheinlichkeit, dass sich die Idee einfach umsetzen lässt, tendiert gegen null.

Wie Sie diese Schere deaktivieren: Bis Sie Ihre Idee erfolgreich umgesetzt haben, werden Sie noch dutzende von Hindernissen überwinden müssen. Notieren Sie alle Einwände gegen Ihre Idee. Formulieren Sie für jeden Einwand sogenannte „Wiki"-Fragen: **„Wie kann ich das Hindernis am besten überwinden?"** Entwickeln Sie daraus Ihren Aktionsplan für die nächsten Wochen. Und bei Ihren Mitarbeitern? Setzen Sie die Idee in Bezug zu Ideen, die funktioniert haben. Leicht provokant (aber hochwirksam) ist eine Aussage wie: „Die Menschheit ist zum Mond geflogen. Sagen Sie mir eine Begründung, warum das hier dann nicht funktionieren soll."

Schere 3: Die Wissensschere

Sie suchen nach einer Lösung. Sie grübeln und grübeln. Nichts. Was Sie auch tun, Ihr Kopf suggeriert Ihnen: „Da gibt es nichts." Eigentlich auch ganz logisch. Unser Kopf weiß schließlich nicht, was er nicht weiß. Und da ist es allemal einfacher, mit einer einfachen Botschaft zu reagieren: „Es gibt keine Lösung." Das ist natürlich völliger Unsinn, aber für unseren Kopf allemal besser als zu signalisieren: „Ich weiß zu wenig." Das würde unser Selbstvertrauen auf Dauer erschüttern. Glauben Sie nicht alles, was aus Ihrem Kopf herauskommt! Sonst ergeht es Ihnen möglicherweise wie den Entwicklern eines Maschinenbauers, die den kreativen Super-GAU erlebt haben: Drei Jahre lang hatten die Ingenieure des Unternehmens versucht, eine deutlich preiswertere Variante einer Maschine herzustellen. Die Ingenieure kamen zum Ergebnis: „Technisch nicht machbar." Das Management des Unternehmens gab die Aufgabe an eine externe Firma. Drei Monate später war das Gerät marktreif. Wie konnte es dazu kommen? Das Management hatte die Problematik der Wissensscheren unterschätzt.

Die beteiligten Ingenieure dachten, dass sie alles wüssten, was zur Entwicklung des Gerätes notwendig war. Dummerweise hatten sie eines übersehen: Sie wussten nicht, was sie nicht wussten. Und weil sie es nicht bemerkten, wussten sie nicht, was sie hätten wissen müssen, um die Innovation voranzubringen. Diese Wissensscheren verhindern täglich neue Ideen – ohne dass es jemandem bewusst ist. Sie fallen nicht auf, weil ja nur die wenigsten erkennen, dass die Beteiligten etwas nicht wissen.

Wie Sie diese Schere deaktivieren: Gehen Sie ab heute davon aus, dass es für alles eine Lösung gibt. Sie wissen nur nicht, in welchem Bereich sie zu finden ist. Formulieren Sie konkrete Suchfragen und nehmen Sie Kontakt mit Menschen aus anderen Bereichen auf. Sie werden staunen, wie schnell Sie neue, quergedachte Lösungen finden! Ihren skeptischen Mitarbeitern bieten Sie einfach eine Wette an: „Fünfhundert Euro, wenn ich eine Lösung finde." Sie werden sehen, wie schnell die Suche beginnt.

Schere 4: Die Regelschere

Diese Schere wird schon ganz früh aktiv. Bevor Sie überhaupt beginnen, in eine neue Richtung zu denken, suggeriert sie Ihnen: „Das darf man nicht." Der Hauptgrund dafür ist unsere Konditionierung. Von frühester Kindheit an werden wir erzogen: „Das darfst du nicht." „Das macht man nicht." Im Berufsleben sind wir perfekte Regel-Chamäleons: Wir passen uns schnell den Regeln unserer Umgebung an. Leider zu perfekt: Indem wir ständig alles richtig machen wollen, beschneiden wir unsere Kreativität. Indem wir dauernd Vorhersagen darüber treffen, was alles nicht erlaubt sein könnte, verschließen wir uns den Möglichkeiten, die ein gezielter Regelbruch mit sich bringen würde.

Die Regelschere wird übrigens auch bei unsichtbaren Gesetzen aktiv, beispielsweise bei Marktgesetzen. „Der Markt funktioniert so und so." Diese Aussage lässt sich so lange treffen, bis irgendjemand die Regeln des Marktes neu definiert. Richard Branson von Virgin Airlines ist so ein Regelbrecher. Für ihn ist es beinahe ein Hobby, die Regeln eines Marktes zu studieren, sie zu brechen und wie Richard Löwenherz in den Markt einzudringen. Die Regelschere wird übrigens auch aktiv, wenn Sie Innovation in zu feste Prozesse pressen. Ich habe es sehr häufig in Unternehmen erlebt, dass sich Mitarbeiter aus Innovationsabteilungen mehr mit dem Gedanken beschäftigt haben, wie sie die Regeln des nächsten Schrittes richtig befolgen, als mit der Innovation selbst. Eine Reihe von Innovationsmanagern gibt es hinter vorgehaltener Hand zu. Eigentlich müssten sie Regeln brechen, um die Innovation erfolgreich an den Markt zu bringen. Aber der Innovationsprozess mit seinen internen Abläufen sei nun einmal vorgeschrieben. Am Ende würden sie daran gemessen, ob sie die einzelnen Schritte des Prozesses möglichst genau einhalten.

Wie Sie diese Schere deaktivieren: Stellen Sie sich zwei einfache Fragen: „Warum sollte das nicht erlaubt sein?" „Was könnte im schlimmsten Fall passieren?" Gewöhnen Sie sich die „Strategie des sanften Bulldozers" an: Niemanden fragen, erst mal machen. Dabei werden Sie schnell feststellen: Die Regeln, von denen Sie dachten, dass sie Sie fesseln, werden vom sanften Bulldozer mühelos zur Seite geschoben. Ihren skeptischen Kollegen oder Mitarbeitern erzählen Sie am besten nichts davon. Sie werden es schon irgendwann merken.

Schere 5: Die Widerspruchsschere

Diese Schere achtet ganz genau darauf, was Sie von sich geben. Sobald ein Widerspruch droht, signalisiert sie klar: „Stopp!" Denn wir neigen dazu, nach außen immer ein logisches, nachvollziehbares Bild abzugeben. Alles was widersprüchlich scheint, ist uns ungeheuer: Gestern noch dagegen – heute dafür, da fühlen wir uns sofort als Wendehals. Wenn bis gestern gepredigt wurde, dass dieser oder jener Ansatz der beste von allen ist, tun Sie sich verständlicherweise schwer damit, zuzugeben, dass Sie heute anderer Meinung sind. Doch Vorsicht! Die Widerspruchsschere hat schon manchen klugen Menschen in einen Betonkopf verwandelt.

Am Anfang werden Sie für Ihre klare Linie und Ihr Festhalten daran bewundert. Irgendwann verändern sich die Dinge, doch Sie halten stur am Alten fest. Oder anders ausgedrückt: Wenn Sie Kapitän sind, ist es Ihre Aufgabe, das Schiff auf Kurs zu halten. Spätestens wenn der Eisberg vor Ihnen auftaucht, ist es Zeit, den einmal eingeschlagenen Kurs radikal zu ändern. Häufig geschieht das Gegenteil: Es scheint widersprüchlich, dass der Kurs von gestern jetzt plötzlich verkehrt sein soll. Statt ihn zu ändern, werden andere Maßnahmen getroffen:

• Ein Arbeitskreis diskutiert die Relevanz plötzlich auftauchender Eisberge. Er empfiehlt, vor einem Kurswechsel zunächst ein technisches Gutachten einzuholen, das klären soll, ob ein Eisberg überhaupt eine ernst zu nehmende Gefahr sei.
• Es werden zusätzliche Studien in Auftrag gegeben, die die Chancen und Gefahren eines Kurswechsels gegeneinander abwägen. Sie sorgen für Verwirrung. Während eine Studie für radikalen Kurswechsel plädiert, warnt die andere vor Materialermüdungsfolgen durch abrupte Kursänderungen. Die Studie kommt zum Ergebnis, dass diese Materialermüdung so hohe Kosten verursacht, dass die Existenz der Schifffahrtslinie langfristig gefährdet sei.
• Eine Marktforschung unter den Passagieren des Schiffs zeigt, dass das Vertrauen in die Fähigkeiten des Kapitäns vor allem auf einer hohen Zustimmungsrate zum Imagewert „vorausschauendes Denken" beruht. Eine Kursänderung würde das Vertrauen der Passagiere zerstören, was die künftige Vermarktung der Schifffahrtslinie erschweren würde.

Mit dieser Haltung manövrieren Sie sich langsam aber sicher ins kreative Abseits. Die Dinge ändern sich schnell und schlimmstenfalls werden Sie eines Tages von Veränderungen überrollt. Oder Sie treffen auf einen unfreundlichen Eisberg.

Wie Sie diese Schere deaktivieren: In Alternativen zu denken und sich nicht zu früh auf eine Option festzulegen, ist im kreativen Denken ein Qualitätsmerkmal, keine Schande. Wer weiß in Zeiten der Veränderung wirklich, welche Strategien und Ideen am Ende funktionieren? Wir werden es in Zukunft häufiger erleben, dass unterschiedlichste Strategien und Denkwege nebeneinander bestehen. Gewöhnen Sie sich an, Plan B immer griffbereit zu haben. Erklären Sie es Ihren Kollegen und Mitarbeitern genauso. Sie erscheinen dann nicht mehr als widersprüchlich, sondern bleiben logisch nachvollziehbar.

Ohne Ihre Scheren im Kopf werden Sie sich am Anfang möglicherweise manchmal etwas unsicher fühlen. Das ist normal: Wie so vieles, was sich die Natur ausgedacht hat, haben auch die Scheren einen Sinn. Sie geben uns das Gefühl von Sicherheit und Orientierung. Das ist der Grund dafür, warum sich Mitarbeiter am Anfang häufig schwer damit tun, wenn Sie sie auffordern, doch mal außerhalb bestehender Schranken nachzudenken. Kreatives Denken muss genauso geübt werden wie andere Dinge. Es ist viel einfacher, Regeln zu lernen und zu befolgen als Regeln zu brechen und ohne sie zu denken. Ein Grund, warum die bereits zitierten US-Wissenschaftler Jeffrey H. Dyer, Hal B. Gregersen und Clayton Christensen, Professoren an Hochschulen in Utah, Fontainebleu und Boston, dafür plädieren, innovatives Denken in der Praxis zu entwickeln und zu stärken. *„Wir können die Wichtigkeit, innovatives Verhalten immer und immer wieder zu üben, gar nicht stark genug betonen"*, schreiben sie.

3.
Die fünf großen Irrtümer über Kreativität – Abschied von Brainstorming und bunten Hüten

„Hilfe! Mein Boss will, das wir kreativ sind!" Wenn Unternehmen eine Kreativoffensive starten, nimmt das mitunter kuriose Züge an. Eine Firma aus der Nähe von Nürnberg hat einen „Kreativraum" einrichten lassen, in dem Tische und Stühle schief stehen – diese Einrichtung würde Menschen automatisch kreativ machen, so die Annahme. Ein IT-Unternehmen aus dem Rhein-Main-Gebiet rief die „Innovationswoche" aus, in der Mitarbeiter bunte Papierhütchen trugen, trommelten und beim Wettrennen Ideen entwickelten – „Lasst uns verrückt sein!" war die Losung. Und ein Industriekonzern aus Nordrhein-Westfalen setzte auf eine Lösung, die das Prädikat „typisch deutsch" tragen könnte: Ein riesiger Prozess mit genauen Abläufen, Regeln und Durchführungsanordnungen.

Macht das wirklich kreativ? Testen Sie die Frage an sich selbst: Basteln Sie sich einen bunten Papierhut und setzen Sie ihn sich auf. Tauschen Sie das graue Mousepad neben Ihrer Computertastatur gegen ein buntes aus. Und beginnen Sie jetzt, mit der linken Hand rhythmisch zu trommeln. Kommen Sie schon auf neue Ideen? Wenn nicht, versuchen Sie es mit der Bürokratiemethode und erlassen Sie eine Anweisung für persönliche

Kreativität: „Gemäß § 13 der Ideenfindungsdurchführungsverordnung hat sich der im Folgenden ‚Kreative' Genannte zwischen 13 und 14 Uhr im Besprechungsraum einzufinden, um dort vier Ideen zu hinterlassen." Klappt auch nicht? Dann können Sie sich die Frage selbst beantworten: Weder „verrückte" Innovationswochen noch besonders kreativ eingerichtete Räume machen Mitarbeiter dauerhaft kreativ. Kein noch so ausgeklügelter Prozess sorgt kontinuierlich für neue Ideen. Und keine Anweisung dieser Welt kann Sie dazu bringen, eine wirklich neue oder außergewöhnliche Idee zu generieren. Doch was ist es dann?

Mythos Kreativität – Abschied von den Klischees

Zunächst gilt es, mit den klassischen Klischees über Kreativität radikal zu brechen. Jede Wette, dass diese Klischees zumindest teilweise noch in Ihrem Kopf sind. Wer ist kreativer? Ein Buchhalter oder ein Maler? „Ein Maler!", sagen Sie mit hoher Wahrscheinlichkeit. „Buchhaltung und Kreativität liegen weiter auseinander als der Eiffelturm und die Anden. Und einen kreativen Buchhalter würde ich sofort rausweisen."

So einfach ist die Frage nicht zu beantworten. Was ist, wenn der Maler seit Jahren das Gleiche malt? Immer wieder Kopien dessen, was es bereits gibt. Dann ist er ein guter Handwerker, aber wirklich Neues hat er nicht geschaffen. Und was ist, wenn Ihr Buchhalter Sie seit zwei Jahren beinahe täglich mit neuen Ideen behelligt? Man könnte diesen und jenen Prozess beschleunigen, man könnte doch auf Papierbelege komplett verzichten oder durch die kreative Interpretation von Bilanzierungsrichtlinien das Rating bei der Bank verbessern. In diesem Fall ist Ihr Buchhalter kreativer. Und Ihr Unternehmen profitiert davon.

Wenn Sie an „Kreativität" denken, was fällt Ihnen spontan als erstes dazu ein? Ich gehe jede Wette ein, dass von den drei folgenden Begriffen mindestens zwei dabei sind: 1. Brainstorming, 2. Genies, 3. Herumspinnen.

Habe ich recht? Sie sind den klassischen Klischees aufgesessen. Die besagen, dass Brainstorming die beste Methode ist, um auf neue Ideen zu kommen, dass nur Kreative und Genies neue Ideen entwickeln können und dass kreatives Denken heißt, komplett frei und ohne jede Beschränkungen zu denken. Vergessen Sie diese Klischees! Kreativität ist nicht das, was Sie vermuten. In diesem Kapitel lernen Sie die fünf größten Irrtümer über Kreativität kennen. Wenn Sie diese verstehen, verstehen Sie, wie Sie Kreativität bei sich selbst und in Ihrem Unternehmen wirklich fördern können.

3.1 Irrtum 1: Kreativität ist Brainstorming

Was tun Sie, um auf neue Ideen zu kommen? Sie treffen sich in einem Team und definieren ein klares Ziel. Die einzige Regel ist, dass es keine Regeln gibt. Dann lassen Sie einfach mal alles raus, was da in den Köpfen so alles drin ist. Und schon haben Sie neue Ideen. Klingt fast zu schön um wahr zu sein. Denn die Realität sieht anders aus: Ein Team trifft sich zum Brainstorming, doch statt eines reißenden Ideenflusses ist das Ergebnis ein dünnes Rinnsal. Oder die Stimmung war irre gut, man hat viel gelacht und ganz viele verrückte Ideen gesammelt, von denen sich aber der größte Teil im Nachhinein als unbrauchbar erwiesen hat.

Woran liegt das? Brainstorming ist mehr ein Heilsversprechen als eine Kreativmethode. „Lass alles fallen, lass dich ganz gehen und dann kommen die Ideen von alleine." Und weil Menschen gerne an Heilsversprechen glauben, hat sich „Brainstorming" als Markenbegriff durchgesetzt wie „Tempo" für Papiertaschentücher. Nur dass bei „Tempo" niemand auf die Idee kommen würde, es als Allheilmittel gegen Erkältungen einzusetzen.

Brainstorming ist das McIdea der Ideenfindung. Um wirklich qualitativ hochwertige Ideen zu entwickeln, müssen Sie Probleme erkennen, die andere nicht sehen, diese Probleme von verschiedenen Seiten angehen,

Inspirationen suchen und die Idee wirklich bis zum Ende durchdenken. So wie es Thomas Edison getan hat, dessen Arbeitsmethodik – das Edison-Prinzip – Sie auszugweise in diesem Buch finden. Edison hat es geschafft, mithilfe eines strukturierten Prozesses Ideen wie am Fließband zu entwickeln: *„Eine kleine Erfindung alle zehn Tage, eine große Erfindung alle sechs Monate."*

3.2 Irrtum 2: Nur Kreative sind kreativ

„Kann man Kreativität eigentlich lernen? Oder ist die Gabe der Ideenfindung nur außergewöhnlich begabten Menschen vorbehalten?" Wenn Sie Hirnforscher wie den Bremer Gerhard Roth fragen, bekommen Sie eine klare Antwort: Ob Sie kreativ sind oder nicht, entscheiden alleine Ihre Erbanlagen. Punkt. Aus. Keine Diskussion. Im Prinzip könnten Sie dieses Buch gleich wieder zur Seite legen und sich für den Rest Ihres Lebens von dem Gedanken verabschieden, dass Sie neue Ideen entwickeln können. Aber eben nur im Prinzip. Denn kreative Fähigkeiten alleine machen Sie noch lange nicht kreativ. Und umgekehrt: Selbst wenn Sie über weniger kreative Erbanlagen verfügen, können Sie hochkreative Dinge vollbringen. Wie ist dieser Widerspruch zu erklären?

Über lange Jahre hat sich die Kreativitätsforschung vor allem darauf beschränkt, die Fähigkeiten des Menschen zu untersuchen. Neue Forschungsansätze der Harvarduniversität gehen jedoch in eine ganz andere Richtung. *„Kreativität ist mehr ein bestimmtes Verhalten, aus dem eine bestimmte Idee oder ein bestimmtes Produkt entsteht"*, schreibt Harvardprofessorin Teresa Amabile, *„es ist weniger die Qualität einer Persönlichkeit."* Anders gesagt: Sie sind kreativ, wenn Sie kreativ handeln. Nicht wenn Sie dazu theoretisch in der Lage wären. Amabile hat den Begriff „Kreativität" radikal neu definiert. In ihrem *„Three Component Model of Creativity"* erklärt sie Kreativität als Schnittmenge aus kreativen Fähigkeiten, Wissen und Motivation.

Ideen entstehen im Grenzbereich verschiedener Wissensgebiete: Zwei bekannte Produkte neu kombiniert, eines mit einer bekannten Dienstleistung, eines mit einem bekannten Wirkungsprinzip und so weiter. Nehmen Sie als Beispiel Google: Wissen Sie, was die Suchmaschine so erfolgreich macht? Dass Sie die wichtigsten Ergebnisse sofort finden. Diese Idee – das sogenannte „Page Rank" – war das, was Google zum Durchbruch verhalf. Die Google-Idee war die Kombination eines bekannten Produktes (Suchmaschine) mit einem wissenschaftlichen Prinzip. Google-Gründer Larry Page überlegte, wie man die Popularität einer Webseite messen kann. Auf der Suche nach einer Lösung begab er sich in die Welt der Wissenschaft: Carl Page, sein Vater, war Professor an der Michigan State University, und so lernte Larry Page schon als Kind, dass ein wissenschaftlicher Aufsatz als besonders wertvoll gilt, wenn er häufig zitiert wird. Aus dem akademischen Grundsatz *„Der Wert eines wissenschaftlichen Aufsatzes steigt mit der Anzahl der Zitierungen"* leitete Larry Page seine These ab: Der Wert einer Webseite steigt mit der Zahl der Links, die auf sie führen. Um überhaupt in der Lage zu sein, so eine Idee zu entwickeln, brauchte Page Wissen aus zwei verschiedenen Gebieten. Stellen Sie sich vor, Page hätte sich ausschließlich mit der technischen Seite einer Suchmaschine beschäftigt. Es würde Google nicht geben.

Der dritte und wichtigste Punkt ist Motivation. *„Bis zu einem gewissen Grad kann Motivation fehlendes Wissen und fehlende kreative Fähigkeiten kompensieren"*, beschreibt Amabile das Ergebnis ihrer Forschungen. Das Geheimnis vieler Genies liegt in ihrem fast unbeschreiblichen Tatendrang. So banal es klingt: Sie hatten einfach Lust auf Ideen. Auch Unternehmen können es schaffen, ihre Mitarbeiter mithilfe von Amabiles Komponentenmodell zu mehr Kreativität zu bringen: Indem sie eine Atmosphäre schaffen, die es Mitarbeitern erlaubt, Wissen aus verschiedenen Bereichen zu erlangen und Ideen auszuarbeiten, die im ersten Moment schräg und schief klingen. So wie der dänische Hörgerätehersteller Oticon, der vor einigen Jahren die festen Strukturen abgeschafft und durch ein „Multijob"-Konzept ersetzt hat: Statt in festen Abteilungen arbeiten die Mitarbeiter in autonomen Projektgruppen. Und sie übernehmen Aufgaben, für die in klassisch strukturierten Unternehmen eigene Abteilungen bestehen.

3.3 Irrtum 3: Kreativtechniken machen kreativ

„Welche Kreativtechnik macht mich kreativ?" Die Antwort darauf ist einfach. Keine. Das Wort Kreativtechnik gibt uns die Illusion, alleine mit der Wahl der richtigen Technik könne man ganz schnell kreativ sein. Dabei übersehen viele: Kreativtechniken sind nur eine Denkstütze. Wie Sie gerade erfahren haben, gibt es ohne Wissen aus verschiedenen Bereichen und ohne Ihre klare Motivation, Bestehendes infrage stellen zu wollen, keine Kreativität.

Kreativtechniken helfen Ihnen nur, den Rahmen für die Ideenfindung zu schaffen und Ihre Gedanken so zu strukturieren, dass Sie es Ihrem Kopf ermöglichen, Wissen neu zu kombinieren. Sie müssen sich Kreativtechniken wie ein Computerprogramm vorstellen, das Dateien auf der Festplatte immer wieder neu und immer wieder anders zusammensetzt. Und das vollkommen sinnlos ist, wenn die Festplatte leer ist.

Die Grundlage für Ihre Kreativität sind keine Kreativtechniken. Die Grundlage ist in Ihrem Kopf! Stellen Sie sich alles das, was Sie wissen, all Ihre Erfahrungen, die Sie im Leben gemacht haben, all die Dinge, die Sie gesehen, all die Fehler, die Sie gemacht haben, als eine Sammlung von Puzzleteilen vor. Sie waren früher Verkäufer, haben dann ein Jahr als Surflehrer gearbeitet und lassen sich jetzt zum Programmierer ausbilden? Herzlichen Glückwunsch! Sie haben die besten Voraussetzungen, um Programme zu entwickeln, die sich durch neue Ideen zur Nutzerfreundlichkeit auszeichnen. Warum? Weil Sie wissen, wie Kunden an neue Produkte herangehen und wonach sie suchen. Und weil sie als Surflehrer gelernt haben, Menschen die Angst vor dem Neuen und Ungewöhnlichen zu nehmen.

Kreativtechniken helfen Ihnen, die Puzzleteile Ihres Lebens zusammenzusetzen und neu zu nutzen. Nehmen Sie die morphologische Matrix, eine klassische Kreativtechnik, die durch Kombinationen funktioniert. Mithilfe der morphologischen Matrix können Sie beispielsweise neue Lebensmittel erfinden, indem Sie klassischen Produkten neue Bestandteile und neue Nutzenmerkmale hinzufügen.

Produkt	Neue Bestandteile	Neue Nutzenmerkmale
Butter	Makrele	Bluthochdruck
Schokoriegel	Omega 3	Herzkrankheiten
Eistee	Johanneskraut	Beruhigung
Etc.	Etc.	Etc.

Durch Querkombinationen erfinden Sie Makrelenbutter gegen Bluthochdruck, Omega 3-Butter gegen Herzkrankheiten, Johanneskraut-Eistee zur Beruhigung und so weiter. Die dahinterliegende Kreativtechnik ist eine klassische Kombinationstechnik: Sie kombinieren Ergebnisse aus einem Bereich mit einem anderen. Diese Technik funktioniert – allerdings nur, wenn Sie die notwendige Vorbereitung geleistet haben. Das ist der gleiche Grund, warum auch Kreativtechniken wie Brainstorming häufig scheitern: Weil die Teilnehmer das notwendige Wissen nicht haben.

So ist es auch mit vielen anderen sogenannten Kreativitätstechniken. Ohne fundiertes Wissen und eine fundierte Analyse vorher und nachher sind sie wertlos. Die Disney-Methode beispielsweise, die im Wesentlichen nur besagt, dass Sie nacheinander verschiedene Rollen einnehmen sollen: Die Rolle des Träumers, die des Realisten und die des Kritikers. Auch das 6-Hüte-Denken von Edward de Bono ist ein Ansatz, der auf dem Prinzip des Perspektivenwechsels beruht. Nacheinander setzen Sie verschiedene

„Hüte" auf, die für eine bestimmte Denkrichtung stehen (zum Beispiel kritisch oder kreativ oder neutral). Aus diesen verschiedenen Perspektiven heraus betrachten Sie das Problem aus verschiedenen Sichtweisen. Beide Techniken sind nett für den Alltag, ich wende sie selbst in abgewandelter Form immer wieder gerne einmal an. Und doch sind beide nicht mehr als oberflächliche Denktechniken. Ein Großteil der klassischen Kreativitätstechniken verrät Ihnen, wie Sie vereinzelt Ideen generieren können, aber sie ersetzen keinen durchdachten Denkprozess.

3.4 Irrtum 4: Kreativität und Strategie widersprechen sich

Der kreative Albtraum eines Top Managers sieht so aus: Die Kreativen übernehmen die Macht. Alle Meetings werden abgesagt und durch Ideenfindungsworkshops ersetzt, in denen vollkommen frei herumgesponnen wird. Eine Idee jagt die nächste, jede ist noch ein Stück ausgefallener und verrückter. Marktforschung und strukturierte Prozesse sind abgeschafft, der freidenkende Geist regiert. Binnen weniger Monate führen die Kreativen das Unternehmen ins Chaos. Kein Wunder, wenn Markenverantwortliche und Unternehmensstrategen beim Thema Kreativität häufig sofort auf Gegenwehr schalten: „Gefährlich!" „Passt nicht!" „Verwirrt den Kunden!"

Kreativität ohne Strategie richtet mehr Schaden als Nutzen an. Die Tatsache, dass jemand kreativ denkt und neue Ideen entwickelt, hat zunächst einmal keinerlei wirtschaftlichen Wert. Stellen Sie sich vor, jemand käme auf die Idee, alle Züge der Deutschen Bahn AG durch einen Künstler kreativ gestalten zu lassen. Das wäre äußerst kreativ, ohne Frage. Doch wie viele Menschen kennen Sie, die sagen: „Also, seitdem die Züge bunt sind, fahre ich viel öfter Bahn"? Können Sie sich vorstellen, dass jemand zum Schaffner geht und sagt: „Macht nichts, dass wir zu spät sind, dafür ist der Zug ja bunt"? Stellen Sie sich die BILD-Schlagzeile vor: „Spinnen die? Bunte Züge, aber viel zu spät!" Oder bei der nächsten Fahrpreiserhöhung: „Bahn-Abzocke wegen bunter Züge."

Kreativität ist nur dann eine wertvolle Ressource, wenn sie in die richtigen Bahnen gelenkt wird, wenn sie dazu dient, strategische Ziele besser zu erreichen. Strategie ohne Kreativität ist genauso schädlich wie Kreativität ohne Strategie. Wenn immer die gleichen Menschen mit den immer gleichen Methoden immer wieder über die gleichen Fragen nachdenken, entsteht vor allem eines: Stillstand. Kreativität braucht Strategie, und Strategie braucht Kreativität.

Strategische Ideenentwicklung ist die Kombination aus beidem, die Entwicklung zielführender Ideen. Die Philosophie lässt sich auf einen Punkt bringen: Klasse statt Masse bei der Ideenfindung. Nicht viele Ideen entwickeln, sondern die richtigen. Eine Philosophie, die kreative Denktechniken und strategische Managementtools systematisch kombiniert. Im Gegensatz zu künstlerischer oder „verrückter" Kreativität werden mithilfe strategischer Ideenentwicklung neue Produkte, Dienstleistungen und Geschäftsmodelle erschlossen, Abläufe und Prozesse optimiert oder neue Wege gesucht, um Ziele besser zu erreichen.

Eine Methode der strategischen Ideenentwicklung ist das Edison-Prinzip®, das Sie in Kapitel 5 kennenlernen werden. Eine systematische Herangehensweise an den Prozess der Ideenentwicklung mit einem klaren Fokus auf strategischen Zielen. Thomas Edison hatte eine einfache Philosophie: *„Was sich nicht verkauft, möchte ich nicht erfinden."* Er überlegte erst, in welchen Feldern sich Kreativität überhaupt auszahlt, dann wurde er kreativ. Edison analysierte Probleme von Menschen, Schwächen von Produkten und wertete Trends aus. Erst wenn er davon überzeugt war, das richtige Feld gefunden zu haben, begann er, Ideen zu entwickeln.

3.5 Irrtum 5: Kreativität ist teuer

Kennen Sie das Zitat „Luxus macht erfinderisch"? Wahrscheinlich nicht. Es heißt: „Not macht erfinderisch." So merkwürdig es auch auf den ersten Blick scheinen mag: Zu viel Geld fördert keine Kreativität, sondern erstickt sie.

Ein Beispiel: Sie planen eine bundesweite Werbekampagne für ein neues Produkt. Mithilfe der Werbekampagne soll das Produkt eine Bekanntheit von 50 Prozent bei allen Menschen bekommen, die durch die Kampagne kontaktiert wurden. Wenn Sie 10 Millionen Euro zur Verfügung haben, woran denken Sie? Mit hoher Wahrscheinlich an die Produktion eines teuren Werbespots, die Schaltung einer teuren Werbekampagne im Fernsehen sowie eine Unterstützung durch Online-Medien. Was tun Sie, wenn Ihnen das Budget um 99 Prozent gekürzt wird? Statt 10 Millionen Euro haben Sie jetzt nur noch 100.000 Euro zur Verfügung. Das Ziel bleibt das gleiche. Im ersten Moment denken Sie: „Unmöglich!" Dann aber beginnen Sie über alle möglichen Formen von Guerilla-Marketing nachzudenken: Über die Produktion unkonventioneller Videos, die einfach, preiswert und effektiv sind und sich über YouTube verbreiten, über Postkarten mit witzigen Sprüchen, die sich Menschen weiterleiten und über spektakuläre Presseaktionen. Werden Sie damit weniger Erfolg haben? Oder sogar mehr?

Das Problem ist, dass sich das klassische Ursache-Wirkungs-Prinzip bei Kreativität nicht nur nicht anwenden lässt, sondern es teilweise sogar komplett auf den Kopf gestellt wird. Üblicherweise sind wir es gewohnt, mit einem Aufwand X eine Wirkung Y zu erzielen. Wenn wir 20.000 Werbebriefe an Kunden verschicken, reagieren im Idealfall 500. Wenn ich 40.000 Briefe verschicke, reagieren 1.000 usw. Entsprechend ist die Denke: Wenn Sie das Budget für eine bestimmte Maßnahme erhöhen, erhalten Sie automatisch eine entsprechende Wirkung. Bei Kreativität ist es allerdings umgekehrt. Es kann sein, dass eine Kampagne, die 100.000 Euro kostet, ungemein effektiver ist als eine, die 10 Millionen kostet.

„Ja, das ist Werbung, das funktioniert eben anders." Wahrscheinlich denken Sie das jetzt. Oder? Stimmt nicht. Sie wollen ein neues Produkt entwickeln und geben dem Team 10 Millionen Euro und ein Jahr Zeit. Ich wette, dass die Entwicklung dieses Produktes ziemlich genau 11 Millionen Euro verschlingen wird und 13 Monate dauert. Das Entwicklungsteam wird nicht in der Kategorie klein, preiswert und schnell denken, sondern zunächst einmal Prozesse etablieren, Abläufe anpassen, Ausschreibungen formulieren und externe Partner suchen. Warum einen preisgünstigen Wettbewerb unter Studenten ins Leben rufen, wenn doch 10 Millionen Euro da sind, die ausgegeben werden können? Wozu kleine, schnelle und effektive Testmethoden etablieren, wenn auch große, gründliche und langsame bezahlt werden können? Wozu potenzielle Partner mit kleinen Prämien und einer hohen Erfolgsbeteiligung locken, wenn doch aus dem Budget großzügige Tagessätze bezahlt werden können? Wozu sich auf dem Markt umschauen, ob nicht bereits intelligente Lösungen existieren, die integriert werden können, wenn doch das Geld da ist, um eigene Entwicklungen zu tätigen?

Ähnliches im Management: Wenn Sie fünf Millionen Euro Beratungshonorar im Jahr ausgeben können, wenn Sie sich dutzende von Analysen über unternehmensinterne Probleme leisten können, wozu dann die eigenen Mitarbeiter befragen und sie auffordern aggressiv nach Schwächen des eigenen Unternehmens zu suchen? Für nur 500.000 Euro liefert das doch auch ein Consulting-Unternehmen. Wozu eigenes Risiko eingehen, wenn Geld für Absicherung im Überfluss vorhanden ist? Das gleiche in der IT: Wozu einen schlanken und preiswerten Ansatz entwickeln, der genau den Funktionsumfang hat, den Mitarbeiter brauchen, wenn doch das Geld für eine große, teure und umfassende Lösung vorhanden ist?

Geld macht denkfaul. Apple-Insider berichten, das Unternehmen stoppe mitunter vielversprechende Projekte aus Prinzip, weil es dafür kein neues Geld gibt. Führungskräfte müssen ein altes Projekt kippen, um Platz für ein neues zu schaffen. Damit will Apple verhindern, dass Mitarbeiter große Budgets ansammeln und Ideen schließlich auf dem Friedhof der halb

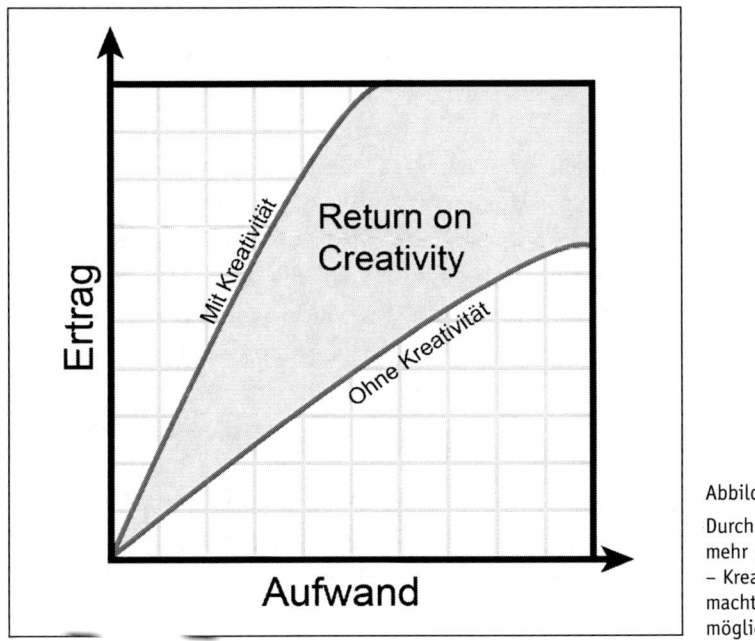

Abbildung 8:
Durch weniger
mehr erreichen
– Kreativität
macht es
möglich

fertigen Projekte landen, weil sie nicht radikal vorangetrieben oder frühzeitig beendet wurden.

Weg mit dem Geld!

Nehmen Sie Ihren Mitarbeitern das Geld weg! Nicht generell, nicht persönlich, sondern als Katalysator für den kreativen Prozess. Wenn ein Mitarbeiter eine Aufgabe mit einem Budget von 50.000 Euro erledigt hat, nehmen Sie ihm 20.000 Euro weg und sagen Sie: „Das geht bestimmt billiger und besser." Ihr Mitarbeiter wird Sie wahrscheinlich angucken, als hätten Sie sich über Nacht in einen Außerirdischen verwandelt. „Das geht nicht!" Wenn es nicht billiger und besser geht, dann fordern Sie ihn auf, es billiger und anders zu machen. Billiger und anders heißt zwar nicht automatisch besser, aber Sie erhöhen Ihre Chancen auf erfolgreiche neue Wege drastisch.

Ich habe Prozesse erlebt, die immer größer und immer schwerfälliger wurden. Die Verwaltung des Budgets nahm schließlich einen beträchtlichen Teil ein: Meetings, Absprachen mit beteiligten Agenturen, Ausschreibungen, das Gespräch mit dem Einkauf, die Auswahl verschiedener Dienstleister, eine unterstützende Analyse und so weiter. Dabei waren dies Produkte, die man mit wenig Aufwand binnen weniger Tage hätte testen können. Zu einem Zehntel der Kosten und mit schnellen, sichtbaren Ergebnissen.

Machen Sie den Test! Gehen Sie alle wesentlichen Prozesse in Ihrem Unternehmen durch. Fragen Sie sich: „Was würde passieren, wenn ich hier das Budget um 40 bis 80 Prozent kürzen würde? Würde es die Kreativität der Mitarbeiter auf der Suche nach unkonventionellen neuen Lösungen fördern? Wie groß ist das Risiko in diesem Bereich, Geld zu kürzen?" Seien Sie bei der Beantwortung der letzten Frage nicht zu ängstlich. Niemand mag Budgetkürzungen. Aber wenn Sie dafür mehr Kreativität gewinnen, ist es allemal einen Versuch wert.

Vergeben Sie Geld für gute Ideen. Versuchen Sie nicht, sich mit Geld Ideen zu erkaufen. Sehen Sie es andersherum: Wäre es nicht ärgerlich, wenn Sie eines Tages mitbekommen, dass die ganzen neuen Ideen, für die Sie viel Geld bereitgestellt haben, genau an diesem Geld ersticken?

4.
Kreativität als Strategie

Der Druck, kreativ sein zu müssen, ist dramatisch gewachsen. *„Kreativität in ihren verschiedenen Formen ist zum größten Motor des Wachstums geworden"*, schreibt die amerikanische *Business Week* im Oktober 2008. Ob ein Unternehmen kreativ ist oder nicht, ist längst nicht mehr eine Frage schöngeistiger Debatten. Kreativität hat dramatische Auswirkungen auf die langfristige Wettbewerbsfähigkeit. *„Unternehmen und Organisationen werden von Veränderungen geradezu überrollt und viele haben Mühe, damit Schritt zu halten"*, heißt es in der CEO-Studie 2009 von IBM. Das Unternehmen hat 1.130 CEOs und Führungskräfte weltweit nach den wichtigsten Zukunftstrends befragt. Das Unternehmen der Zukunft müsse in der Lage sein, *„sich schnell und erfolgreich zu verändern"*, innovativer zu sein als von den Kunden erwartet, und sei *„von Natur aus revolutionär"*, so die Verfasser der Studie.

„Phantasie ist wichtiger als Wissen", prophezeite schon Albert Einstein: *„Wissen ist begrenzt, Phantasie umkreist die Welt."* Doch wie lassen sich Phantasie und Kreativität managen? Wie kann Kreativität zur wertvollen strategischen Ressource werden? Wie können Sie Kreativität – so wie viele Unternehmen, die Sie in unserer Studie kennengelernt haben – für die Ziele Ihres Unternehmens nutzen?

Wenn Sie Kreativität in Ihrem Unternehmen, Ihrer Abteilung oder Ihrem Team etablieren wollen, werden Sie schnell auf einen Konflikt stoßen: Den Konflikt zwischen effektiver Routine und Kreativität. *„Routine ist für eine Organisation das, was Fähigkeiten für einen Menschen sind"*, schreibt Robert M. Grant in seinem Buch *Contemporary Strategy Analysis*. *„Es kann dazu kommen, dass ein Kompromiss zwischen Effektivität und Flexibilität getroffen werden muss. Ein begrenztes Repertoire an Routineabläufen kann mit hoher Effektivität und mit nahezu perfekter Koordination ausgeführt werden. Für die gleiche Organisation kann es extrem schwer sein, auf neue Situationen zu reagieren. "*

Grant hat eine Hierarchie von Fähigkeiten erstellt, an deren Spitze das steht, was er „bereichsübergreifende Fähigkeiten" nennt. Es sind die kreativen Aufgaben eines Unternehmens, beispielsweise die Entwicklung neuer Produkte. Diese Fähigkeiten entstehen erst dadurch, dass unterschiedlichste Menschen mit ihrem individuellen Wissen, ihren persönlichen Erfahrungen und ihren verschiedenen Denkweisen zusammengebracht und mit einer neuen Aufgabe konfrontiert werden.

Kreativität in einem Unternehmen zu etablieren bedeutet nichts Geringeres als die höchste Stufe auf der Skala der Fähigkeiten eines Unternehmens zu erreichen. Dieses Kapitel hilft Ihnen dabei. Durch praxisnahe Tipps und Anleitungen, mit denen sie kreative Denkprozesse in einem Unternehmen etablieren können, das schwerpunktmäßig auf operative Perfektion ausgerichtet ist.

4.1 Raus aus der Benchmarking-Falle! Wie Sie der Gleichförmigkeit entfliehen

Eric, ein siebenjähriger angehender Topmanager, wird beim Abschreiben in der Deutsch-Arbeit erwischt. Was sagt er? Entschuldigt er sich? Ist es ihm peinlich? Mitnichten. „Das war kein Abschreiben", posaunt er heraus, „sondern heftübergreifendes Benchmarking, mit dem ich die Wettbewerbsfähigkeit meines Deutsch-Aufsatzes maßgeblich erhöhen wollte." Die Welt des großen Managements macht es nicht anders vor. Was sich hinter geschliffenen Managementausdrücken wie „Benchmarking" verbirgt, ist in der Praxis oft nichts anderes als ordinäres Abschreiben. Es klingt nur wichtiger.

Abbildung 9: Manager-Nachwuchs

Ganze Heerscharen von Managern haben in Business-Schulen rund um die Welt die Kunst des Abschreibens gelernt. Wozu selber Ideen entwickeln? Es gibt ja Benchmarking. Was in der Theorie gut klingt, hat in der Praxis fatale Auswirkungen: Ganze Branchen sind mittlerweile in der Benchmarking-Falle, jeder schaut auf die vermeintlich Besten und kopiert von ihnen. Ein Unternehmen wagt sich mit etwas Neuem hervor, der Rest schaut, ob es funktioniert. Und kopiert hemmungslos. Die Folge: Alle reden von Innovationen, heraus kommen Produkte, die sich beinahe gleichen wie ein Ei dem anderen.

Nach drastischen Beispielen brauchen Sie nicht lange suchen. Alles, was Sie tun müssen: Ihr Radio einschalten. Egal, welchen privaten Sender Sie einschalten, ständig werden Ihnen die „Superhits der 80er und 90er und das Beste von heute" angepriesen. Ein Großteil der Radiomoderatoren klingt wie Losbudenverkäufer: „Jetzt anrufen und das geheimnisvolle Geräusch erraten. Für nur 49 Cent pro Anruf." Haben Sie sich schon einmal gefragt, warum Sie das annähernd gleiche Programm von Garmisch bis Flensburg hören? Weil alle Sender Benchmarking betreiben und auf die gleichen Erfolgsrezepte setzen: Auf die anderen schauen und nachmachen. Gehen Sie in den Supermarkt. Waschmittel Nummer 1 verspricht Ihnen die sauberste Sauberkeit, Waschmittel Nummer 2 das weißeste Weiß und Waschmittel Nummer 3 die farbigsten Farben. Auch die Branche der Nassrasierer verlegt sich eher aufs Klingen-Benchmarking denn auf Kreativität: Kaum kam der erste Hersteller mit zwei Klingen, folgte der nächste mit drei und wieder jemand mit vier.

Das gleiche Phänomen in der Automobilbranche. Machen Sie einmal folgenden Selbstversuch: Nehmen Sie einen Toyota Avensis, kleben Sie ein Opel-Schild drauf und fahren Sie durch die Stadt. Wie lange dauert es, bis irgendjemandem auffällt, dass Sie in Wahrheit gar keinen Opel fahren? Wahrscheinlich ewig.

Machen Sie den Test: Ist unsere Firma in der Benchmarking-Falle?

„Opel baut tolle Autos." Diesen Satz konnten Sie in den letzten Monaten und Jahren immer wieder hören. Das stimmt auch. Genauso tolle Autos wie die Konkurrenz. Aber versuchen Sie ein Modell zu nennen, das irgendwie aus der Masse heraussticht.

- Der Corsa: Ist das nicht der Polo von Opel?
- Der Insignia: So ein Zwitter aus Audi und BMW.
- Der Meriva: So wie der Espace, nur kleiner.

Natürlich wird Ihnen der Fachmann sagen, dass die Designlinien beim Opel geschwungener ausfallen und der eingefleischte Opel-Fan wird beim Lesen dieser Zeilen fluchen, aber Hand aufs Herz: Die Modelle von Opel sind so einzigartig wie eine Eisscholle in der Antarktis. Konsequent Platz drei bis vier in jeder Kategorie. Das war mal anders: Der Manta und der Kapitän waren einzigartig. Dann kamen die Benchmarker.

Sitzt Ihr Unternehmen in der Opel-Falle? Haben Sie so viel Benchmarking betrieben, dass Ihnen jede Form von Kreativität und Originalität abhandengekommen ist? Machen Sie den Test. Wenn Sie von den folgenden drei Fragen zwei mit „ja" beantworten, könnten Sie bereits tief in der Falle sitzen:

- Wir schauen gebannt auf die Konkurrenz und reagieren auf das, was dort passiert.
- Wenn man die Feinheiten beiseite lässt, unterscheiden wir uns nicht wesentlich von den anderen in der Branche.
- Unsere Produkte werden häufig so beschrieben: „So wie das Produkt von ..., nur kleiner/größer/billiger/schneller."

Sie können diese drei Fragen auf verschiedene Teile Ihres Unternehmens anwenden. Eine Firma kann gleichzeitig Original und Kopie sein. So wie das ZDF. Hätten Sie gedacht, dass man Jugendliche mit Dokumentationen vor den Fernseher locken kann? Das ZDF hat es geschafft. Mit History, einer Sendereihe, die einmalig ist. Ein echtes Original. Und zugleich sitzt der Sender in der Benchmarking-Falle. „Ich kann Kanzler", einer der großen Flops des Jahres 2009. Sie kennen „Ich kann Kanzler" nicht? So wie die Castingshow „Deutschland sucht den Superstar", nur mit langweiligen Nachwuchspolitikern.

Das Kopierverbot: So würde Thomas Edison Ihr Unternehmen führen

Was hat ein Erfinder wie Thomas Edison, der Unternehmen wie General Electrics gründete, anders gemacht als das Management vieler Unternehmen? Die Glühbirne, der Phonograph (Vorgänger des Grammophons) und die Filmkamera, alle diese Erfindungen waren Pionierleistungen. Das Gegenteil von Benchmarking. Edison verstand es geschickt, seine Kreativität zu strukturieren, zu lenken und zu leiten – Ideenfindung und strategisches Denken miteinander zu verknüpfen. Was würde Ihnen Thomas Edison heute raten?

Wenn es um Benchmarking geht, hören Sie häufig Sätze wie diese: „Selbst Thomas Edison hat doch von anderen geklaut." Das stimmt. Einer der berühmtesten Sätze des Glühbirnen-Erfinders war: *„Deine Idee muss nicht neu sein. Sie muss nur neu in Bezug auf das zu lösende Problem sein."* Edison war dafür bekannt, fremde Lösungen aufzusaugen. Er selbst bezeichnete sich *„mehr als einen Schwamm als einen Erfinder"*. Doch er hat Ideen nicht einfach kopiert. Das Konzept der Glühbirne stammte zwar von einem deutschen Auswanderer, Heinrich Göbel. Doch Edison entwickelte daraus ein einzigartiges Gesamtsystem aus der marktreifen Glühbirne, Leitungen, Kraftwerken und Fabriken.

Sie haben im ersten Kapitel Unternehmensphilosophien der weltweit innovativsten Unternehmen kennengelernt. Nicht umsonst verfolgt Virgin den Grundsatz: Der Pionier sein, nicht dem Pionier folgen. Natürlich ist es erlaubt, von überall Ideen aufzusammeln und sie zusammenzufügen. Doch sie werden zu einzigartigen neuen Ideen weiterentwickelt. Die Professoren Jeffrey H. Dyer (Brigham Young University, Utah, USA), Hal B. Gregersen (Fontainebleau, Frankreich) und Clayton M. Christensen (Harvard Business School, USA) haben die Charakteristiken innovativer Manager untersucht und sind auf fünf Eigenschaften gestoßen, die tief in dem verankert sind, was sie „The Innovator's DNA" nennen. Sich ständig umzusehen und verschiedenste Wissensbereiche neu miteinander zu verknüpfen gehört zu den wichtigsten Charaktereigenschaften innovativer Manager. Als Beispiel nennen sie Pierre Omidyar, der eBay 1996 startete, nachdem er drei Dinge miteinander verbunden hatte:

- Die Faszination, effektivere Märkte zu schaffen, die ihn in einer Internetfirma gepackt hatte, in der er vorher arbeitete,
- den Wunsch seiner Verlobten, alte PEZ-Spender zu kaufen (vielleicht kennen Sie die noch: Süßigkeiten-Spender, die in den 70ern populär waren) und
- die Ineffektivität lokaler Anzeigenmärkte beim Versuch, Dinge wie PEZ-Spender zu finden.

Die zentralen Punkte waren Prinzipien, die Omidyar in einer Internetfirma kennengelernt hatte. Der wesentliche Unterschied zwischen dem, was sich hinter Begriffen wie „Benchmarking" oder der „Fast-Follower-Strategie" verbirgt, und den Ansätzen, die Dyer, Gregersen und Christensen beschreiben, lässt sich einfach auf den Punkt bringen: Benchmarker kopieren, Erfinder verbinden. Verlangen Sie von Managern und Mitarbeitern das „Mehr" an kreativer Leistung: Nicht einfach Konzepte, die funktionieren, blind übernehmen, sondern sie mit Neuem und Unbekanntem verbinden.

4.2 Einmal Begeisterung bitte! Wie Sie mitreißende Ziele und Visionen entwickeln

Es gibt Momente, die die Welt verändern. Dieser hier ist einer davon: Der amerikanische Präsident John F. Kennedy hält 1962 eine Rede an der Rice University in Houston, bei der die Welt den Atem anhält. *„Wir haben uns entschlossen, zum Mond zu fliegen. Wir haben uns entschlossen, noch in diesem Jahrzehnt zum Mond zu fliegen. Nicht weil die Dinge einfach sind, sondern weil sie schwer sind. Weil uns dieses Ziel dabei hilft, die besten Energien und Fähigkeiten zu organisieren und zu messen. Weil wir diese Herausforderung annehmen wollen. Weil wir sie nicht verschieben wollen. Und weil wir gewinnen wollen."*

Diese Rede – sichtlich unter dem Eindruck des kalten Krieges entstanden – wird live im amerikanischen Fernsehen übertragen. In der Sekunde, in der John F. Kennedy diese Sätze ausspricht, geht ein Raunen durch tausende Ingenieure der NASA. Hin zum Mond – kein Problem, sicher wieder zurück – unmöglich. Die amerikanische Raumfahrttechnik ist zu diesem Zeitpunkt noch nicht einmal annähernd auf dem Stand, um Menschen zum Mond und wieder zurück zu bringen. Im Gegenteil: Im Vergleich zur Sowjetunion war das, was sich in den Jahren zuvor in der amerikanischen Raumfahrt abgespielt hat, mehr eine Sammlung aus Pleiten, Pech und Pannen. Noch heute können Sie in Cape Canaveral in Florida die ersten Versuche der amerikanischen Raumfahrt bewundern: Videos, die einen Absturz nach dem anderen zeigen, Raketen, die es kaum geschafft haben, die Startrampe zu verlassen und die dann bereits explodierten. Gegen die Sowjetunion scheinen die Amerikaner 1962 chancenlos.

Und dann kommt jemand wie John F. Kennedy. Mit Worten, die ihn erscheinen lassen wie einen Propheten, sagt er: „Wir fliegen zum Mond. Wir fliegen zum Mond. Wir fliegen zum Mond." Es ist die Geburt der größten Vision der Menschheit. Eine Vision, mit der es Kennedy schafft, Hunderttausende von Ingenieuren hinter sich zu bringen. Ingenieure, die in den Monaten und Jahren danach mehrfach an dieser Aufgabe fast scheitern. Menschen, die das Unmögliche wagen und über sich selbst hinauswachsen. So ist die Landung auf dem Mond selbst eines der Probleme, die scheinbar unlösbar sind. Man hatte es sich anfangs vorgestellt wie im Science Fiction-Film. Einfach mit einer Rakete auf dem Mond landen, aussteigen und wieder abheben. Es ist nicht zu realisieren. Die Idee, eine Mondkapsel zu bauen, die abgetrennt vom Mutterschiff auf dem Mond mit zwei Astronauten landet und dann wieder abhebt wird, zunächst als abwegig verschrien. Später bringt genau diese Außenseiteridee den Durchbruch.

Wie viel Anziehungskraft hat Ihre Vision?

Wie stark ist die Vision, auf die Ihr Unternehmen hinarbeitet? Wie stark ist die Vision, die Sie Ihrem Team vermitteln? Und wie magisch sind Ihre Visionen? Hat die Vision, die Sie an Ihre Mitarbeiter vermitteln, eine magische Anziehungskraft? In unserer Studie, die Sie im ersten Kapitel kennengelernt haben, ist deutlich geworden, dass magische Werte und Visionen ein wesentlicher Baustein der Innovationskultur sind. Sie finden diese Visionen häufig in Unternehmen, in denen Sie es im ersten Moment nicht erwartet würden. Weil sie scheinbar langweilige Produkte produzieren, wie beispielsweise Geschirrspüler für den Gewerbebereich. Geschirrspüler können das spannendste Produkt der Welt sein, wenn Sie es so angehen wie die Firma Hobart aus Offenburg. Hobart hat den Markt für gewerbliche Geschirrspüler mit der Premaxx-Serie revolutioniert, einem Geschirrspüler, der so wenig Wasser und so wenig Strom verbraucht, wie man es bis vor wenigen Jahren nicht für möglich gehalten hat.

Zufall? Nein, das Ergebnis einer magischen Vision. „Spülen ohne Wasser" heißt sie. Denken Sie einen kurzen Moment nach: Spülen ohne Wasser? Geht das? Stellen Sie diese Frage einmal bei Hobart – die Mitarbeiter des Unternehmens werden Ihnen antworten: „Es ist völlig unwichtig, ob es geht. Vielleicht werden wir dieses Ziel nie erreichen, aber wir arbeiten darauf hin und geben unser Bestes." Spülen ohne Wasser ist eine magische Vision. Für die Firma Hobart so magisch wie für die NASA die Vision „Wir fliegen zum Mond." Wir haben mit den Entwicklungsingenieuren von Hobart Workshops durchgeführt, in denen wir uns mit einer Begeisterung, die Sie beim Thema Geschirrspüler nicht für möglich halten, um Fragen wie diese gekümmert haben:

- Wie sieht das optimale Luftströmungsverhalten in einem Geschirrspüler aus, damit der bestmögliche Trocknungseffekt erzielt wird?
- Welche Sensorik eignet sich am besten, um aus einer Spüllauge herauszulesen, mit was das Geschirr verdreckt ist?
- Wie lässt sich Dampf bei der Vorwaschung reduzieren?

Die Entwickler von Hobart waren in der Branche bereits zuvor durch merkwürdige Fragestellungen aufgefallen. So hatten sie sich intensiv damit beschäftigt, wie ein Wassertropfen beim Auftreffen auf das Spülgut geformt sein muss, damit dieser den bestmöglichen Wascheffekt erzielt. Man muss schon ein bisschen verrückt sein, um solchen Fragen ernsthaft und vor allem mit Leidenschaft auf den Grund zu gehen. Na und? Dann sind die Entwickler bei Hobart eben ein bisschen verrückt, aber sie verfolgen schließlich auch nicht das Ziel, einfach nur die Rendite zu steigern oder die nächste Geschirrspüler-Generation auf den Markt zu bringen. Sie arbeiten an einer großen Sache: „Spülen ohne Wasser."

Magische Visionen bewirken in einem Unternehmen mehr als alle Change-Management-Programme der Welt. Wenn Sie magische Visionen haben, können Sie sich das Geld für teure Motivationstrainer sparen. Sie brauchen keine umfangreichen Regelwerke, die genau festlegen, wann welcher Mitarbeiter wo genau welchen Schritt zu tun hat. Mit magischen Visionen erreichen Sie die Herzen Ihrer Mitarbeiter. Zugegeben, das klingt sehr pathetisch und fast ein bisschen kitschig. Aber es funktioniert.

Warum das Ritz-Carlton Regeln abgeschafft hat

Nehmen Sie an, Sie hätten ein Zimmer im Ritz-Carlton gebucht, einem der teuersten Hotels Amerikas. Dann wäre Ihnen früher möglicherweise folgendes passiert: Sie steigen aus, ein dienstbeflissener Portier kommt auf Sie zugerannt und noch ehe Sie Ihr Bein aus dem Auto gestreckt haben, greift er bereits nach Ihren Koffern. Sie wollen ihn aufhalten, doch er rennt mit Ihren Koffern davon. So stand es schließlich in seiner Dienstanweisung. „Wenn der Gast in einem 5-Sterne-Hotel vorfährt, nehmen wir ihm selbstverständlich die Koffer ab." Was aber nun, wenn in diesem Koffer hochwichtige Dokumente waren, möglicherweise über Ihre berufliche Zukunft? Dann haben Sie möglicherweise ein Problem, wenn Sie den dienstbeflissenen Portier mit Ihrem Koffer davonrennen sehen. Dummerweise stand dies aber genau in den Regeln des Portiers: „Sie haben den Koffer des Gastes zu nehmen."

Übertriebene Regelwerke verwandeln selbstdenkende Mitarbeiter bereits nach kurzer Zeit in eine Art menschliche Roboter. Roboter, deren hauptsächliches Ziel darin besteht, das, was von ihnen verlangt wird, möglichst gut zu tun, die die Regeln beherrschen und die im schlimmsten Fall ihre Gehirne auf Autopilot schalten. Das ist der Grund, warum das Ritz-Carlton Regeln mittlerweile durch magische Visionen ersetzt hat. Es geht nicht mehr darum, einem Gast in jedem Fall den Koffer abzunehmen. Stattdessen lautet die Vision „einzigartige Erlebnisse zu schaffen". Wie diese einzigartigen Erlebnisse geschaffen werden, das ist der Kreativität und der Freiheit – durchaus auch der künstlerischen Freiheit – der einzelnen Mitarbeiter überlassen. Der Gast soll nicht mehr mit dem stereotypen Fünf-Sterne-Lächeln begrüßt werden und dazu mit der aufgesetzten Frage: „Hatten Sie eine gute Anreise?" Nein, der Gast soll mit etwas begrüßt werden, was er nicht vergisst, einem einzigartigen Erlebnis. Das kann ein Witz sein, eine besondere Frage, ein besonderer Charakterzug des Mitarbeiters. Irgendetwas, das hängen bleibt. Irgendetwas, worüber der Gast wenig später sagt: „Wow, das war einzigartig."

Der James-Carville-Test

Wie magisch sind die Visionen Ihres Unternehmens? Machen Sie bei sich selber den James-Carville-Test. James Carville war der Mann hinter Bill Clintons Wahlerfolg. Er war derjenige, der die magische Vision für Clintons Wahlkampf 1992 entwarf: *„It's the economy stupid!"* James Carville hat einmal zu Bill Clinton gesagt: *„You pay for my head, but you get my heart for free"* – zu Deutsch: „Sie zahlen für meinen Kopf, aber mein Herz bekommen Sie kostenlos dazu." Wie ist es mit Ihnen? Können Sie das von sich sagen? Natürlich, es besteht kein Zweifel daran, dass Sie Ihre Ziele haben, hart arbeiten und alles dafür tun, diese Ziele zu erreichen. Aber was ist, wenn Sie das Unternehmen verlassen? Am Freitag um 16.00 Uhr? Ist dann Feierabend oder schlägt ihr Herz für die Firma weiter? Ist die Vision Ihres Unternehmens so magisch, ist das, was Sie gemeinsam mit Ihrem Unternehmen erreichen wollen, ein so großes Ziel für Sie, dass Sie mit dem Herzen bei der Sache sind? Und was ist mit Ihren Mitarbeitern? Wer von Ihren Mitarbeitern würde den James-Carville-Test bestehen? Wer von Ihren Mitarbeitern ist so sehr mit Herzblut bei der Sache, dass er sich sagt: „Vielleicht übertrete ich einfach einmal ein paar Regeln, aber das macht nichts, ich weiß, wofür ich es tue."

Die meisten Unternehmensvisionen sind zahlenlastig und langweilig. Wir möchten die Eigenkapitalrendite unseres Unternehmens um 25 Prozent steigern. Oder: Unser Ziel ist es, alle operativen Bereiche auf Benchmark-Niveau zu bringen. Mal ehrlich, hängt daran Ihr Herz? Ist es das, was Sie von Herzen anspornt? Ist es das, was dafür sorgt, dass Ihr Mitarbeiter am Sonntagmorgen um 9 Uhr unter der Dusche plötzlich einen Geistesblitz hat, diesen sofort notiert und am Montagmorgen als seine große Idee verkündet? Oder ist es eine Vision, die eher zum Business as usual taugt?

Merkmale magischer Visionen:

Magische Visionen sprechen die Fantasie Ihrer Mitarbeiter an. Sie erzeugen ein mentales Bild im Kopf Ihrer Mitarbeiter, das es zu erreichen gilt und das sich lohnt. Sie lösen in den Köpfen Ihrer Mitarbeiter Gedanken aus, die außergewöhnlich sind. Nehmen Sie die Vision „Spülen ohne Wasser". Was für ein Bild entsteht bei Ihnen, wenn Sie diese Vision hören? Sie sehen eine Spülmaschine von heute und plötzlich erscheint Ihnen die Spülmaschine von heute als etwas Nostalgisches. In Ihrem Kopf entsteht eine Maschine, die mit Ultraschall reinigt. Alles, was Sie bisher als fortschrittlich erachtet haben, wirkt plötzlich klein im Vergleich zu der Fantasie, die diese Vision auslöst. „Wir fliegen zum Mond" – Wenn Sie diese Vision hören, sehen Sie eine Rakete auf dem Weg zum Mond und Astronauten, die aussteigen. Genauso ist es den NASA-Ingenieuren gegangen. „Einzigartige Erlebnisse schaffen" – Schon ist in Ihrem Kopf Raum für Fantasie. Schon sind Sie zum Mitdenken eingeladen. Sie überlegen, wie sie einzigartige Momente im Leben eines anderen Menschen – in diesem Fall Ihres Kunden – schaffen können.

Magische Visionen spornen an, das Undenkbare zu denken. Stellen Sie sich einmal vor, Hobart hätte nur die Vision „Qualitätsführerschaft im Segment gewerblicher Geschirrspüler". Und nun fordern Sie Ingenieure auf, Ideen zu entwickeln, um diese Qualitätsführerschaft zu sichern. Sie können sich sicher sein, dass die Ideen sehr konventionell sind. „Wir sollten die Wasserzufuhr verbessern, so dass sie sieben statt bislang fünf Jahre hält." „Die Temperaturschalter sollten durch neue Module ausgetauscht werden, die nicht so störanfällig sind." Genau das ist in etwa die Qualität der Ideen, die Sie bekommen, wenn die Vision nicht darauf ausgerichtet ist, große, innovative Sprünge zu machen. Setzen Sie dagegen die Vision „Spülen ohne Wasser". Woran denken Sie jetzt? Ihr Horizont beginnt sich zu öffnen; Sie beginnen in anderen Bereichen nach Lösungen zu gucken; Sie überlegen, ob nicht Mikrowellentechnologie im Geschirrspüler einsetzbar ist. Magische Visionen erweitern den Horizont Ihrer Mitarbeiter. Sie vermitteln

Ihren Mitarbeitern, dass der Blick über den Tellerrand gewollt ist und zwar wirklich.

Magische Visionen sind Träume. Nicht das Ziel einer Renditesteigerung steht im Vordergrund, sondern das Bild einer – ich weiß, das klingt schon wieder ein bisschen kitschig – besseren Welt. Das Mantra von Google heißt nicht umsonst: *„Don't be evil – Sei nicht bösartig."* Die magische Vision, die neue Mitarbeiter bei Google erfahren heißt: *„Geh' hin, wo noch niemand vor Dir war."* Es ist das Bild einer guten Welt. Es ist das Gefühl, für etwas anderes zu arbeiten, für Werte, die mehr sind als nur das bloße Heranschaffen von Profiten, und es ist die Aussicht darauf, ein großes Abenteuer zu starten. „Geh' hin, wo noch niemand vor Dir war" – Das erinnert an die Welt von Alexander von Humboldt – die Reisen der großen Entdecker. Und es ist kein Zufall, dass Google gerade diese Worte wählt, um neue Mitarbeiter anzuwerben.

Machen Sie den Test

Ist die Vision, die Sie in Ihrem Unternehmen oder Ihrem Team vermitteln, eine magische? Antworten Sie jeweils mit Ja oder Nein.

	Ja	Nein
Unsere Vision ist bildhaft geschrieben, leicht verständlich und attraktiv.		
Unsere Vision regt dazu an, das Undenkbare zu denken und das Unmögliche zu wagen.		
Unsere Vision appelliert an Träume und regt die Phantasie an.		
Unsere Vision ist einzigartig und authentisch, sie ist nicht einfach irgendwo abgeschrieben.		
Unsere Vision würde den James-Carville-Test jederzeit bestehen.		

Fünf Mal „nein", nicht einmal „ja"

Ihre Mitarbeiter haben Ziele, aber keine Visionen. Sie werden sich auch in Zukunft darauf verlassen können, dass Mitarbeiter die Ziele Ihres Unternehmens oder Ihrer Abteilung strukturiert und mit dem notwendigen Engagement voranbringen. Aber gehen Sie davon aus: Freitag ab eins macht jeder seins. Die Vision Ihres Unternehmens sorgt nicht dafür, dass Mitarbeiter auch nach Feierabend mit dem Herzen bei der Sache sind. Sollte tatsächlich einmal ein Mitarbeiter am Montagmorgen mit einer Idee aufschlagen, die ihm unter der Dusche am Sonntagmorgen gekommen ist, so ist es ein Zufallstreffer.

Ein bis zwei Mal „ja"

Sie sind bereits auf dem Weg. Was hat Sie dazu veranlasst, die Vision so zu formulieren? Gehen Sie in sich, überlegen Sie, was Sie mit dieser Vision erreichen wollten und in Zukunft erreichen wollen. Überlegen Sie, wie Sie die Vision formulieren oder aber leben können, sodass die anderen Punkte ebenfalls für Sie erreichbar werden.

Drei bis vier Mal „ja"

Ihre Vision scheint eine gewisse Magie in sich zu haben, sie ist aber noch nicht perfekt. Was genau fehlt ihr? Achten Sie bitte auch darauf, ob nur Sie Ihre Vision so empfinden oder auch Mitarbeiter. Sprechen Sie darüber. Reden Sie mit Ihren Mitarbeitern darüber, wie sie die Unternehmensvision wahrnehmen. Bitte äußern Sie keine frühzeitige Kritik und sagen Sie Ihren Mitarbeitern auch nicht, dass Sie auf der Suche nach magischen Visionen sind. Versuchen Sie das Thema in Gesprächen durchaus einmal beiläufig anzusprechen mit Fragen wie: „Was verstehen Sie unter der Vision? Wie sehen Sie das? Wie leben Sie diese Vision? Was bedeutet diese Vision für Ihre tägliche Arbeit?"

Fünf Mal „ja"

Herzlichen Glückwunsch! Ihre Vision hat Magie! Achten Sie bitte noch einmal kurz darauf, dass Sie keiner Selbsttäuschung unterliegen. Häufig glaubt man, dass eine Vision Magie hat. Aber vergessen Sie nicht: Der Köder muss dem Fisch schmecken, nicht dem Angler.

So entwickeln Sie magische Visionen

Wenn es eine Schritt-für-Schritt-Anleitung gäbe, die man einfach nur befolgen müsste, dann wären die Visionen schon nicht mehr magisch, dann hätte sie jeder. Bei der Entwicklung magischer Visionen ist Ihre Kreativität gefragt. Die folgenden Anregungen sind für Sie als Inspiration gedacht.

Suchen Sie ein unrealistisches Ziel. Sie haben richtig gehört, ein unrealistisches. Etwas Unerreichbares. So etwas wie „Spülen ohne Wasser". Versetzen Sie sich in die Rolle eines Science Fiction-Autors, der die Welt in Ihrer Branche im Jahr 2300 beschreibt. Wie sieht die Welt dort aus? Werden Fußgänger Schuhe anziehen, mit denen sie fliegen können? Gehört Beamen zum Alltag? Wird es überhaupt noch Geschirrspüler geben? Nehmen Sie die Vision aus einer Science Fiction-Welt. Wichtig dabei: Sie muss unerreichbar sein. Sie dürfen dieses Ziel niemals wirklich erreichen können, aber es muss immer noch so sein, dass es eine gewisse Magie ausübt. Die Vision darf widersprüchlich sein, man darf – ja man muss – sich förmlich an ihr reiben können. Sie sind in der Automobilbranche tätig? Entwickeln Sie nicht einfach nur die Vision, ein umweltbewusstes Auto herstellen zu wollen. Wenn Sie sich für eine unerreichbare Vision entscheiden, dann nehmen Sie das Null-Emissions-Auto. Also ein Auto, das ohne jede Form von Umweltbelastung fährt. Oder gehen Sie noch einen Schritt weiter: Das Auto, das gut für die Natur ist. Ein Auto, das Sauerstoff produziert statt CO_2. Oder ein Auto, das die Funktion des Regenwaldes erfüllt. Zugegeben, irgendwann ist die Vision so weit weg, dass man Sie möglicherweise wirklich als kompletten Spinner abtun wird, aber entwickeln Sie auch diese

Gedanken mit, damit Sie später bis an die Grenze des wirklich Denkbaren gehen können.

Entwickeln Sie ein kreatives Bild. Wenn Sie ein Hersteller von Antiviren-Software sind, dann sind Sie nicht einfach ein Hersteller von IT-Lösungen oder von Computerprogrammen. Nein, Sie sind die Polizei des Internets. Oder das stärkste Antibiotikum gegen Computerviren. Oder die chinesische Mauer rund um den PC Ihres Kunden. Überlegen Sie, was der eine zentrale Nutzen oder der eine zentrale Wettbewerbsvorteil ist, für den Ihr Unternehmen steht. Überlegen Sie, wie Sie die Innovationen Ihres Unternehmens auf diesen einen Punkt exakt ausrichten können. Seien Sie einfach, denken Sie einfach! Magische Visionen zeichnen sich u.a. dadurch aus, dass sie sofort verständlich und für alle greifbar sind. Einfach eben.

Erfüllen Sie Ihren Mitarbeitern ihre größten Träume. Was wären Ihre Mitarbeiter gerne? Pioniere in einem unentdeckten Land? Abenteurer, die sich in wildes Terrain vorwagen, in das sich noch nie jemand anders vorgewagt hat? Oder Piraten, die diejenigen angreifen, die fett und bequem geworden sind? Das ist eines der Erfolgsgeheimnisse von Richard Branson, Gründer und Chef von Virgin. Der umtriebige Geschäftsmann sieht jede seiner Aktivitäten als einen Kreuzzug an und seine Mitarbeiter sind Teile dieses Kreuzzuges. Als Richard Branson Virgin Atlantic, seine Fluglinie, eröffnete, ging es nicht einfach nur darum, mithilfe einer Fluglinie Geld zu verdienen. Nein, es ging um Träume. Es ging darum, die bis dahin von vielen Kunden als träge und satt empfundene British Airways anzugreifen. Richard Branson erfüllte seinen Mitarbeitern Träume, er machte sie zu Rebellen. Rebellen, die Spaß daran hatten, zu unkonventionellen Mitteln zu greifen, außergewöhnliche Eroberungsstrategien zu entwickeln und gemeinsam mit Richard Branson für die gerechte Sache der Kundenqualität zu kämpfen.

Besetzen Sie emotionale Werte, die Ihren Mitarbeitern wichtig sind.
Dies kann sein: Freundschaft, Vertrauen, Liebe. Ja, Liebe. Ein einfacher
Slogan wie „Ich liebe es" kann Berge versetzen. McDonald's, einer der
innovativsten Konzerne weltweit, der Teil unserer Studie war, schafft es,
mit dieser magischen Vision nicht nur Kunden, sondern auch Mitarbeiter zu
begeistern. „Ich liebe es" ist etwas anderes als eine austauschbare Vision,
wie beispielsweise „weil ich es mir wert bin". Achten Sie aber unbedingt
darauf, dass Sie – wenn Sie diese Strategie einschlagen – diese Vision auch
leben. Diese Strategie, emotionale Werte zu besetzen, wird inzwischen von
einer Vielzahl von Unternehmen eingesetzt, so inflationär, dass man die
vermittelten Werte schon sehr vorbildlich leben muss, damit die Vision
nicht als hohle Phrase empfunden wird.

4.3 Das Immunsystem der Organisation gegen neue Ideen – und wie Sie es überwinden können

Stellen Sie sich einmal kurz vor, sie wären ein kleines Grippevirus, das
dabei ist, in einen Menschen einzudringen. Was passiert? Sofort haben Sie
es mit dem gesamten Immunsystem des Organismus zu tun. Die Blutkörperchen werden sich gegen Sie zusammenrotten, man wird versuchen, Sie
zu bekämpfen. Sie sind ein Störenfried, der es schafft, das Gleichgewicht
kräftig durcheinanderzuwirbeln. Ungefähr so erging es auch dem Flug-
zeughersteller Boeing. Ende der Neunzigerjahre diagnostizierte das Unternehmen bei sich selbst ein Immunsystem gegen neue Ideen. Egal, welche
Idee gerade aufkam, egal, wer sie vorschlug, egal, wie gut oder schlecht
diese Idee auch war, irgendwo blieb sie immer in den Strukturen stecken
und irgendwo fanden sich immer genug Bedenkenträger, die sich wie die
weißen Blutkörperchen im Blutkreislauf zusammenrotteten und den Ein-
dringling unschädlich machten. Die Idee könnte ja das Gleichgewicht der
Organisation zerstören.

Dummerweise brauchte das Unternehmen exakt zu diesem Zeitpunkt viele neue Ideen. Die Flugzeugproduktion wurde gerade umgestellt und Boeing sah sich – in Vorbereitung auf den Dreamliner, die Boeing 777 – vor massiven Herausforderungen. Produktionskosten und Produktionszeiten mussten um ungefähr 50 Prozent gesenkt werden, und das in einer Organisation, die sich immun gegen Neues zeigte. Kennen Sie dieses Phänomen? Sie haben eine Idee und sie bleibt in den Strukturen stecken. Sie besprechen einen neuen Vorschlag, aber statt auf Begeisterung stoßen Sie auf Unverständnis: „Oh Gott! Da stört einer den Betriebsfrieden!" Als Führungskraft haben Sie jetzt zwei Möglichkeiten.

Möglichkeit 1: Akzeptieren und resignieren

„Das ist eben so. Unsere Organisation ist schwerfällig, mit neuen Ideen macht man sich keine Freunde." Sie akzeptieren, dass man Ideen in Strukturen wie Ihren nicht umsetzen kann. Das ist eben so, da kann man nichts dran ändern. Sie resignieren und ordnen sich bereitwillig unter. Es kann ja sein, dass sich die Märkte doch nicht so schnell ändern wie erwartet und die Konkurrenz ist ohnehin noch schlecht aufgestellt.

Möglichkeit 2: Das Immunsystem überwinden

Hier können Sie von der Natur lernen. Wie schafft es ein Virus, ein nahezu perfektes Immunsystem zu überwinden? Indem es sich verändert. Unter anderem gilt es, die sogenannten „Gedächtniszellen" auszutricksen, die nach Krankheiten im Körper verbleiben und einmal bekämpfte Viren wiedererkennen. Genau wie im Unternehmen. Den Prozess, der bislang Ideen im Unternehmen verhindert hat, umgehen Sie. Und verändern ihn.

Falls Sie Option 2 wählen möchten, ist dieses Kapitel genau das Richtige für Sie. Falls Sie Option 1 wählen, blättern Sie doch einfach weiter.

Was Unternehmen von Schnapsschmugglern lernen können

Boeing entschied sich, Strukturen zu schaffen, in denen Ideen nicht nur willkommen waren, sondern mehr noch: In denen Sie effektiv und radikal durchgesetzt wurden. Es war die Geburtsstunde des Moonshine-Shops. Einer Art Guerilla-Truppe innerhalb des Unternehmens, die nur eine einzige Aufgabe hatte: Vorbei an festgezurrten Strukturen Ansatzpunkte für neue Ideen zu finden und diese so gut es geht umzusetzen. Bei der Organisationsstruktur nahm sich Boeing ausgerechnet amerikanische Schnapsschmuggler zum Vorbild. Moonshine ist eigentlich der Name für illegal geschmuggelten Schnaps, der während der Prohibitionszeit auf den Hinterhöfen von Chicago heimlich gebrannt wurde. Im Schutz des Mondscheins – daher der Name – wurde der Schnaps mithilfe von Guerilla-Taktiken an der Obrigkeit vorbeigeschleust. Moonshine hatte einen großen Anteil daran, die Prohibition zu Fall zu bringen.

Eine kleine Guerilla-Organisation, die vorbei an festen Strukturen Dinge tut, die innerhalb dieser Strukturen nicht möglich wären. Genauso beschrieb Boeing die Funktionsweise des Moonshine-Shops. Und so wurde die Abteilung gegründet. Ingenieure aus verschiedenen Bereichen wurden in einer kleinen, verschworenen Truppe zusammengeschweißt und bekamen dort eine Aufgabe: Kosten und Produktionszeit um 50 Prozent senken. Das Ziel stand fest, die Wege dorthin waren der Kreativität der Mitarbeiter überlassen. Die Boeing-Ideenguerilla durchforstete das Unternehmen immer wieder auf der Suche nach Arbeitsabläufen, die zu kompliziert waren oder die zu lange dauerten.

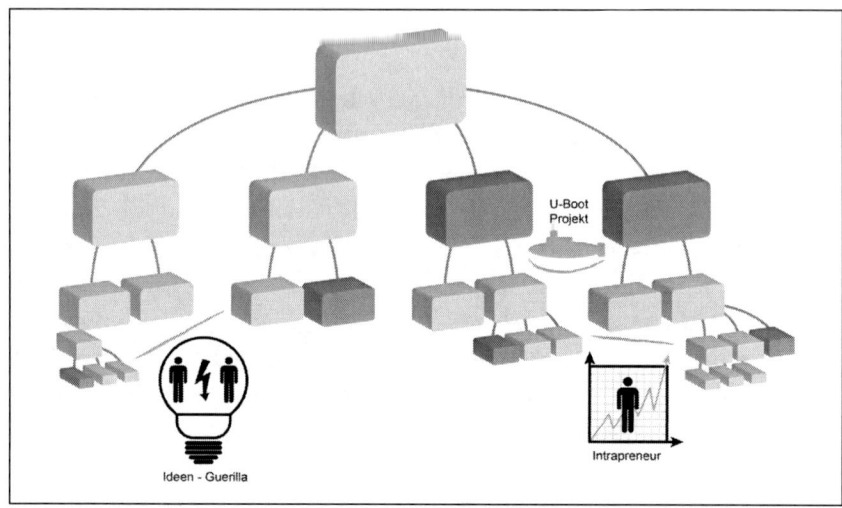

Abbildung 10: Ideenentwicklung an den klassischen Unternehmensstrukturen vorbei

Dabei griffen die Mitarbeiter oft zu ungewöhnlichen Lösungen. Lösungen, die innerhalb bestehender Strukturen wahrscheinlich keinerlei Chance gehabt hätten. Ein Problem von Boeing war beispielsweise die Verladung der Flugzeugsitze. In der alten Variante wurden die Sitze vom Hersteller auf Rollen angeliefert. Sie wurden dann in einen Container gerollt, der Container wurde nach oben gehievt und die Sitze wurden einzeln aus dem Container heraus in das Flugzeug hinein gerollt. Dieser Vorgang war aufwendig, er dauerte 12 Stunden. Die Ideenguerilla überlegte sich, wie sich dieser Prozess beschleunigen lässt.

Ein wesentlicher Punkt der Methodik des Moonshine-Shops bestand darin, dass die Mitarbeiter praktisch kein Geld zur Verfügung hatten. Das sollte verhindern, dass sie sich teure Lösungen von Zulieferern einkauften. Statt über Ausschreibungstexten zu brüten, sollten sie wirklich innovativ denken. Und so suchten sie zur Lösung nach Inspirationen in Bereichen, die mit dem klassischen Flugzeugbau eher weniger zu tun haben. *„Wir* *haben auf einem Jahrmarkt angehalten und uns angesehen, wie die Wagen einer Achterbahn nach oben transportiert wurden"*, erklärt Larry Larson, der Projektverantwortliche. *„Wir haben Skilifte untersucht und überlegt, ob wir dieses System übernehmen können. Wir haben die Verladung von Zuckerrüben unter die Lupe genommen und sind darüber in den Bereich der Landwirtschaft gekommen."*

In der Landwirtschaft wurde das Team schließlich fündig. Die Ingenieure entdeckten ein Heuladegerät, mit dem Landwirte Heuballen in ihrer Scheune von unten nach oben transportierten. Das Heuladegerät wurde zum Synonym für die Arbeit des Moonshine-Shops. Innerhalb weniger Tage und zu einem Preis von 1.200 Dollar ließen sich die Boeing-Mitarbeiter ein Heuladegerät schweißen und brachten es in die Flugzeugproduktion. Kostenersparnis gegenüber Lösungen von Zulieferern: Rund 98 Prozent. Das Ideenvirus hat das Immunsystem der Organisation besiegt.

Machen Sie den Immuntest

Wie immun ist Ihr Unternehmen beziehungsweise Ihre Abteilung oder Ihr Team gegen neue Ideen? Das Ergebnis des Tests hat nicht den Anspruch, hundertprozentig genau zu sein. Wichtig ist, dass Sie erkennen, in welche Richtung Ihr Unternehmen tendiert. Bitte antworten Sie deshalb mit eher ja oder eher nein.

	Eher ja	Eher nein
Wenn es um Ideen geht, reden bei uns viele verschiedene Köpfe mit. Dadurch werden die Ideen häufig verwässert.		
Ideen müssen bei uns den Weg durch die Instanzen gehen. Die Instanzen erinnern an das Bermuda-Dreieck. Ideen verschwinden einfach, man hört nie wieder etwas von ihnen.		

	Eher ja	Eher nein
In unserem Unternehmen wird gerne über neue Ideen diskutiert, entschieden wird jedoch seltener. Im Zweifelsfall wird lieber ein neuer Arbeitskreis gegründet, der sich mit den Ideen beschäftigt und Entscheidungen vertagt.		
In unserem Unternehmen existieren verschiedene Fürstentümer, die häufig an ihren eigenen Strategien arbeiten und eigene Interessen verfolgen. Das blockiert.		
Wir wissen schnell, warum Ideen nicht funktionieren. Warum sie funktionieren könnten, erkunden wir seltener.		

Auswertung

Vier oder fünf Mal „Eher ja"

Als Arzt würde man sagen: „Herzlichen Glückwunsch, Ihr Immunsystem funktioniert voll und ganz." Dummerweise geht es hier nicht um Gesundheit, sondern um neue Ideen. Ihre Organisation ist offenbar weitgehend immun gegen neues, frisches Denken. Selbst wenn Sie sich vereinzelt kreative Mitarbeiter einkaufen würden, würden diese wahrscheinlich eher als Spinner betrachtet und nicht ernst genommen werden. Bei der Entwicklung des Unternehmens und in den täglichen Routineabläufen stören innovative Ideen nur.

Zwei oder drei Mal „Eher ja"

Nicht wirklich gut, nicht wirklich schlecht. Ideen haben bei Ihnen manchmal eine Chance, häufig jedoch auch nicht. Das Gute ist aber, dass die Organisation bereits begonnen hat, sich für neues Denken zu öffnen. Analysieren Sie: An welchen Stellen hat sich das Unternehmen bereits für neue Ideen geöffnet? Wie können Sie diese Stellen stärken? Machen Sie eine Liste von Hindernissen. Was steht Ihrer Organisation im Weg, damit sich Kreativität wirklich entfalten kann? Wo gibt es Hindernisse? Notieren Sie diese Hindernisse genau und erarbeiten Sie anschließend einen Plan gegen das Immunsystem. Was müsste passieren, damit diese Hindernisse außer Kraft sind?

Null oder ein Mal „Eher ja"

Als Arzt würde man sagen: „Um Himmels willen, Ihr Immunsystem funktioniert ja überhaupt nicht." Sie sind sozusagen anfällig für neue Ideen. Vielleicht so anfällig, dass sie häufig schon wieder zu viele Ideen haben. Sollte dies so sein, versuchen Sie den Fluss von Ideen in Ihrem Unternehmen zu strukturieren und zu organisieren. Überlegen Sie, ob Sie die vielen Ideen in Ihrem Unternehmen möglicherweise besser nutzen könnten, indem Sie Strukturen schaffen, die es ermöglichen, dass Ideen auch schnell umgesetzt werden.

So überwinden Sie das Immunsystem gegen neue Ideen

Wie schon bei der Formulierung magischer Visionen gibt es nicht den einen einzigen Weg, der funktioniert. Ich werde Ihnen deshalb in diesem Kapitel eine Reihe von Möglichkeiten vorstellen, mit denen Sie Ihr Unternehmen schneller, kreativer und effektiver machen können. Warum stelle ich Ihnen verschiedene Ansätze vor? Weil jedes Unternehmen die Ansätze wählen muss, die zu ihm passen. Kreativität lässt sich nicht auf Knopfdruck anordnen und manch eine Offensive, die bei einem Unternehmen Wunder wirkt, führt bei dem anderen dazu, dass der Betriebsrat auf die Barrikaden geht und Mitarbeiter innerlich kündigen. Versuchen Sie einmal das ProSieben-Modell, das ich Ihnen gleich vorstellen werde, auf einen konservativ geprägten mittelständischen Maschinenbauer zu übertragen. Die IG-Metall wird schneller bei Ihnen anklopfen, als Sie die Idee ausgesprochen haben.

Der Corporate War-Room – werden Sie Ihr schlimmster Feind!

Viele Unternehmen werden aus Bereichen bedroht, die sie bis vor wenigen Jahren überhaupt nicht als Bedrohung angesehen haben. Die Musikindustrie machte es vor. Plötzlich kam MP3 auf den Markt. Die Industrie versuchte diese Entwicklung so lange wie möglich zu verhindern, schließlich ging es um die Existenz der eigenen Künstler. Das Rennen machte schließlich Apple mit dem iPod und dem dazugehörigen Download-Portal. Zeitungsverlage, Fernsehanstalten und traditionelle Medien zittern ebenfalls vor dem Internet, macht es doch einen Großteil ihrer bisherigen Geschäftsmodelle zunichte. Steuerberater zittern vor pfiffiger Software, die Aufgaben übernimmt, die früher ein Fachmann übernommen hat.

Was denken Sie, wird sich in Zukunft als eines der größten Probleme für die Lufthansa herausstellen? Sind es nur die Billigflieger, die mit scheinbar unschlagbaren Preisen auf Kundenfang gehen? Nein. Virtuelle Welten könnten sich als großer Problemfall für traditionelle Fluggesellschaften erweisen. Wenn Meetings und Konferenzen in virtuellen Räumen annähernd realitätsnah durchgeführt werden können, wozu dann noch lange Geschäftsreisen in Kauf nehmen? Ich höre bereits Ihren Einwand: „Virtuelle Welten? Ist das nicht so etwas wie Second Life? Das war doch mal ein Hype, das ist doch schon lange vorbei. Außerdem werden kleine zappelnde Avatare niemals ein echtes Meeting ersetzen." Richtig. Aber die gleichen Einwände gab es früher in anderen Bereichen:

- „Die CD wird sich niemals durchsetzen, denn das Knacken einer Schallplatte ist durch nichts zu ersetzen. Das ist doch der wahre Genuss."
- „Die Haptik einer Zeitung lässt sich durch nichts ersetzen."
- „Analoge Fotos sehen einfach besser aus, Digitalbilder wirken doch eher kalt."
- „Man will doch die CD seines Künstlers haben und nicht einfach nur irgendwelche Downloads."

Was tun, wenn Ihr Unternehmen von einem Trend bedroht wird oder aber bedroht werden könnte? Der Corporate War-Room hat sich als effektives Mittel erwiesen. Anstatt darauf zu warten, dass Angreifer von außen Ihr Geschäftsmodell irgendwann stark schwächen, werden Sie selbst Ihr ärgster Feind. Einer unserer Kunden, Geschäftsführer eines mittelständischen Maschinenherstellers und Weltmarkführer in seinem Segment, hat die Losung ausgegeben: *„Wir müssen jeden Tag versuchen, uns selbst zu vernichten."* Im Corporate War-Room tun Sie genau das. Sie geben einer ausgesuchten Gruppe von Mitarbeitern den Auftrag, der ärgste Feind des Unternehmens zu werden. Sie sollen Strategien entwickeln, mit denen sie sich selbst überflüssig machen. Und diese Strategien anschließend als Chance für neue Geschäftsmodelle betrachten.

Werden Sie zur Firmenfabrik

Sie können bereits gute Produkte herstellen, warum nicht auch gute Firmen? IBM macht es vor. Regelmäßig veranstaltet das Unternehmen einen sogenannten Innovation Jam. Alle Mitarbeiter des Unternehmens, Partner, Lieferanten, Kunden, ja sogar Mitbewerber sind aufgerufen, in einem gigantischen weltweiten Brainstorming neue Ideen für die Zukunft zu sammeln. Der Innovation-Jam ist nebenbei ein guter PR-Gag. Interessant ist, was IBM mit den Ergebnissen macht. Das Unternehmen hat eine Risikoprämie in Höhe von zehn Mal einer Million Dollar ausgesetzt. Für dieses Geld werden zehn sogenannte Experimental Business Units gegründet. Firmen, die nur eine einzige Aufgabe haben: Innerhalb von zwei Jahren erfolgreich zu werden oder aber wieder zu schließen.

Einer unserer Netzwerkpartner arbeitet in einer solchen Experimental Business Unit. Er hatte zuvor einen relativ bequemen Arbeitsvertrag von IBM Deutschland, den er kündigen musste. Für ihn begann ein waghalsiges Abenteuer. Er begann einen Arbeitsvertrag in einem Unternehmen, von dem er selbst nicht wusste, ob es in zwei Jahren noch existiert. Aber er

hatte die Möglichkeit, aktiv an der Zukunft dieser Unternehmens mit-
nuwirken. Übrigens entwickelt dieses Unternehmen genau das, wovor die
Lufthansa zittern sollte: Virtuelle Welten. Auch andere Unternehmen wie
beispielsweise der OTTO-Versand nehmen Ausgründungen entweder selbst
vor oder aber unterstützen diese Projekte. Der große Tanker ist fortan von
vielen kleinen wendigen Booten umgeben, die Ideen viel gezielter, viel
schneller und viel konzentrierter umsetzen können als der große Tanker.

Schaffen Sie temporäre kreative Systeme: Was Sie von ProSieben, RTL und Hollywood lernen können

Haben Sie sich schon einmal gefragt, wie es Fernsehsender wie ProSieben
schaffen, jeden Tag an unterschiedlichsten Orten unterschiedliche Reporter
zu haben, die für die Magazine berichten? Heute passiert etwas in Buxte-
hude, morgen im österreichischen Villach und übermorgen am Titisee
im Schwarzwald. Die Fernsehanstalten sind jedes Mal vor Ort. Ihre Übertragungswagen sind binnen weniger Stunden aufgebaut und die Bericht-
erstattung läuft auf Hochtouren. Wie ist das möglich? Durch temporäre
kreative Systeme, das gleiche Prinzip, nach dem Hollywood-Filme
produziert werden. Dort sind Kameraleute, Tonleute, Beleuchter, Kostüm-
experten, Stuntleute, Castingexperten und Schauspieler im Einsatz. Jeder
Teil dieses kreativen Systems übernimmt nur spezielle Aufgaben, und zwar
die, für die er am besten geeignet ist.

Sind alle Reporter, die für ProSieben oder RTL berichten, bei diesen
Sendern fest angestellt? Nein, es sind meistens Produktionsfirmen, die sich
auf bestimmte Fachgebiete oder bestimmte Regionen spezialisiert haben.
Kommen die Übertragungswagen vom Sender? Nein, nur im Ausnahme-
fall. Auch sie sind spezialisierte Firmen, die diesen Service anbieten. Die
Kompetenzen, die ProSieben und RTL täglich brauchen, werden genau für
die Zeit gemietet, in der sie gebraucht werden. Ähnlich funktioniert ein
Hollywood-Film.

Dass Brad Pitt nicht bei einem Filmstudio fest angestellt ist und dort nach einem harten Neun-Stunden-Tag nach Hause zu Angelina fährt, liegt auf der Hand. Doch das gesamte System funktioniert so. Die Maskenbildner sind in ihrem Bereich kreative Spezialisten, genauso wie die Dekorateure oder die Kostümbildner. Sie alle arbeiten in einem bestimmten Bereich im Hinblick auf ein bestimmtes Ziel zusammen und gehen danach wieder eigene Wege. Möglicherweise trifft man sich einmal wieder. Das macht die Filmstudios extrem wendig, flexibel und kreativ. Denn die vielen Experten bringen Erfahrungen aus unterschiedlichsten Projekten ein.

Temporäre kreative Systeme machen träge Strukturen schlank und schnell. In vielen Innovationszentren arbeiten fest angestellte Mitarbeiter, die an Entwicklungsprojekten sitzen. Möglicherweise verlangt das Entwicklungsprojekt gerade nach ganz anderen Kompetenzen, die aber nicht eingekauft werden können, denn das Budget ist bereits vergeben. Wenn Sie als Manager ein Team haben, beispielsweise ein Marketing-Team, wie stellen Sie es auf? Mit vier oder acht fest angestellten Mitarbeitern, die dann für die jeweiligen Bereiche zuständig sind? Oder haben Sie nur zwei fest angestellte Mitarbeiter und darum herum einen Pool von Textern, Grafikern, Designern oder Ideengebern in bestimmten Bereichen? Die zweite Variante, ein temporäres kreatives System, verhindert auf jeden Fall, dass Ihr Team immun gegen neue Ideen wird. Die Ideen werden facettenreicher, die Konzepte vielfältiger. Ein temporäres kreatives System zu schaffen bedeutet übrigens nicht, auf alle festangestellten Mitarbeiter zu verzichten. Sie sind weiterhin extrem wichtig: Es sind die Fachleute, deren Know-how das Unternehmen trägt. Es bedeutet, Luft für kurzfristige Projektverträge mit Menschen zu schaffen, die das für ein Projekt kurzfristig notwendige Wissen aus anderen Bereichen einbringen.

Temporary Thinktanks – Gemischte Denkteams auf Zeit

In einem Ideenfindungsprozess mit einem norddeutschen Telekommunikationsunternehmen haben wir auf die übliche Einladungsliste verzichtet und unter 1.400 Mitarbeitern eine Ausschreibung gemacht: „Wer hat Lust zum Ideenspinnen?" Damit nicht genug. Wir haben eine Hürde eingebaut, um zu testen, ob die Mitarbeiter einfach nur Lust haben oder wirklich motiviert sind. Statt einfach nur zu reagieren, mussten sich Mitarbeiter um die Teilnahme regelrecht bewerben, ihre Motive darlegen und bereits erste Grundideen liefern. 30 von 1.400 haben sich beworben und zwei Tage lang Ideen für die Zukunft des Unternehmens geliefert.

Interessant waren die Aussagen der Teilnehmer zu ihrer Motivation: „Mit dem Thema bin ich bislang nur privat in Berührung gekommen. Ich habe gerade ein Haus gebaut und mich geärgert, dass es bestimmte Dinge nicht gibt." Oder: „Im Job mache ich etwas ganz anderes, aber das Thema finde ich privat sehr spannend." Temporary Thinktanks – gemischte Teams auf Zeit, die auf dem Prinzip Leidenschaft beruhen. Für das Unternehmen ein großer Erfolg: Ein Großteil der Ideen war bereits wenige Tage nach dem ersten Workshop in der Umsetzung.

Zusammenfassung

1. Nicht jedes Unternehmen nimmt Ideen mit offenen Armen auf. Im Gegenteil: Gerade größere Unternehmen neigen – wie einst Boeing – dazu, ein Immunsystem gegen neue Ideen zu entwickeln.
2. Analysieren Sie, inwieweit dieses Immunsystem bei Ihnen im Unternehmen existiert und neue Ideen verhindert.
3. Entwickeln Sie Strategien, um das Immunsystem zu überwinden. Vier davon haben Sie kennengelernt: Den Corporate War-Room, die Experimental Business Units, temporäre kreative Systeme und Temporary Thinktanks.

4.4 Wenn Ideenmanagement Ideen verhindert – Die Zukunft des „KVP"

Warum eigentlich sollen wir nicht die Ideen von Mitarbeitern nutzen, um das Unternehmen voranzubringen? Diesen Gedanke hatten visionäre Manager bereits 1888. In einer viel zitierten Schrift von Alfred Krupp hieß es damals, dass „Anregungen und Vorschläge zu Verbesserungen … aus allen Teilen der Mitarbeiterschaft dankbar entgegenzunehmen und durch Vermittlung des direkten Vorgesetzten an das Directorium zu befördern" sind. Krupp hatte schon damals eines der wesentlichen Probleme im Umgang mit Ideen erkannt: Wie sollen Vorgesetzte mit Mitarbeitern umgehen, die zwar motiviert sind und Vorschläge liefern, aber deren Ideen entweder nicht ausgereift oder nicht umsetzbar sind? Krupp schrieb: *„Eine Abweisung der gemachten Vorschläge ohne eine vorangegangene Prüfung derselben soll nicht stattfinden, wohingegen denn auch erwartet werden muss, dass eine erfolgte Ablehnung dem Betreffenden, auch wenn ihm ausnahmsweise nicht alle Gründe mitgeteilt werden können, genüge und ihm keineswegs Grund zur Empfindlichkeit oder Beschwerde gebe."*

Diese Grundsätze sind der Ursprung von dem, was bis vor wenigen Jahren „betriebliches Vorschlagswesen" oder „KVP – kontinuierlicher Verbesserungsprozess" hieß. Heute wird es Ideenmanagement genannt und durch Softwaretools unterstützt. Das Prinzip ist das gleiche wie das, was Krupp vorschlug: Ideenmanager in Unternehmen motivieren Mitarbeiter, Ideen einzureichen. Diese werden dann von einem Bewertungskomitee begutachtet. Wird die Idee angenommen, erhält der Mitarbeiter eine Prämie. Wird sie abgelehnt, wird das Schreiben möglichst höflich formuliert.

Seitdem Ideen und Kreativität boomen, müsste das klassische Ideenmanagement eigentlich Konjunktur haben. Nie zuvor wurde auf allen Ebenen in Unternehmen davon gesprochen, dass neue Ideen erforderlich sind. Neue Konzepte, neue Prozessabläufe, neue Produkte und Dienstleistungen, neue Geschäftsmodelle, neue Ansätze zur Kostensenkung, neue Ideen für die Kundenbeziehungen. Die Liste ist unendlich. Wo bleibt dabei das Ideenmanagement? Eigentlich müsste es ein wertvolles strategisches Tool sein, das die Zukunft des Unternehmens prägt. Doch in vielen Firmen fristen die Ideenmanager ein Randdasein. Es scheint, dass das klassische Ideenmanagement vom Ideenboom überrollt wird wie die Reformhäuser von der Biowelle und wie Karstadt vom Internet. Während in mehr und mehr Unternehmen Ideen und Innovationen zum Alltag gehören, müssen Ideen-Einreicher im klassischen Ideenmanagement lange warten, bis sie eine Reaktion erhalten. Der unrühmliche Rekord liegt bei 600 Tagen.

Abbildung 11: Ideenmanagement – verstaubtes Image

Ideenmanagement muss sich verändern, um Schritt zu halten mit einer Wirtschaft, die von Ideen getrieben wird. Was bei Alfred Krupp noch revolutionär war, ist heute antiquiert. Langatmige Prozesse und starre Strukturen verhindern Ideen. Wohin entwickelt sich das Ideenmanagement der Zukunft? Dazu haben sich auf der Jahrestagung Ideenmanagement im Mai 2010 fünfzig Ideenmanager verschiedener Branchen unter Anleitung der Ideeologen Gedanken gemacht. Ein Ideenworkshop zur Entwicklung des Ideenmanagements. Identifiziert wurden dabei drei Typen von Ideenmanagern:

1. Der Verwalter. Der Ideenmanager, der Ideen beamtenähnlich verwaltet.
2. Der Veränderer: Der Ideenmanager, der sein Unternehmen aktiv voranbringen und verändern möchte.
3. Der Visionär: Der Ideenmanager der Zukunft.

Nachfolgend sind die drei Typen näher beschrieben.

Der Verwalter

Die Charakterisierung des Verwalters ist bewusst überspitzt. Er ist ein Ideenbeamter und zieht seine Aufgabe in erster Linie darin, zwei Seiten mit Definitionen zu füllen, in denen er ausführlich beschreibt, was keine Ideen sind. Zur Verwaltung der Ideen erlässt er umfangreiche Regularien, die genau festlegen, wann wer wie Ideen einzureichen hat und welche Kriterien für diese Ideen gelten. Er wartet nur auf Ideen. Wenn wirklich einmal welche kommen, blockiert er, statt zu animieren. Für ihn gibt es keine Probleme, die es im Unternehmen zu lösen gibt. Probleme stören nur. Im Kern findet der Verwalter Ideen eigentlich doof, aber irgendjemand muss diesen Job ja machen. Jemand hat ihn mit dem Ideenmanagement betraut, und da er nur noch zwei Jahre bis zur Rente hat, sitzt er diese zwei Jahre ab. Seine Begeisterungsfähigkeit gibt er morgens an der Garderobe ab. Er ist ein Eremit, zieht sich gerne zurück und kommuniziert nicht. Widerstände im Unternehmen akzeptiert er selbstverständlich. Es geht halt nicht anders.

Die Einreicher von Ideen müssen ewig auf eine Antwort warten. Das stört ihn aber nicht. Insgeheim hofft er, dass er die Absage auf seinen Nachfolger verschieben kann. Das ist auch wichtig, denn jedes Mal, wenn er eine Ablehnung begründen muss, könnte es einen Konflikt geben, und das mag er überhaupt nicht. Für ihn besteht die größte Genugtuung darin, Regelwerke zu definieren, sie zu erlassen und sich genau an diese Regelwerke zu halten. Die Mitarbeiter empfinden das Ideenmanagement des Verwalters fast wie einen Gerichtsprozess. Die Idee wird eingereicht, das hohe Gericht tagt (nach sehr, sehr langer Verzögerung), dann wird das Urteil gefällt. Natürlich fragen ihn Mitarbeiter häufig, ob man daran nicht etwas ändern könne. Der Verwalter jedoch hat darauf die klassischen Antworten: Kein Geld, keine Zeit, es geht auch nicht anders.

Der Veränderer

Der Veränderer möchte etwas bewirken. Ideenmanager ist für ihn kein Job wie jeder andere. Er versteht sich als jemand, der greifbare Ziele hat oder formuliert, der Ideen bei seinen Mitarbeitern beziehungsweise den Mitarbeitern des Unternehmens aktiv abholt, sie weiterentwickelt, Fragen stellt und dann schnell und unkompliziert handelt. Insgesamt hat er eine Mentalität, die man mit den Worten beschreiben kann: „Geht nicht gibt's nicht!" Er macht sich Gedanken darüber, wie Ideen generiert werden können und bietet eigene Workshops an. Dabei fragt er erst gar nicht, ob er das darf. Er tut es einfach. Ideenbremser ärgern ihn. Im Gegensatz zum Verwalter ist er ein kreativer Kopf, der häufig gegen Mauern rennt. Widerstände akzeptiert er nicht, er reißt die Mauern ein.

Kollegen würden über ihn schon einmal sagen: „Er hat eine große Klappe und keine Ahnung." Doch sie meinen das positiv. „Große Klappe" steht für Kommunikationsfähigkeit und „keine Ahnung" für den Blick des Außenseiters. Diese beiden Qualitäten, Kommunikationsfähigkeit und das Vermögen, sich schnell von außen in Sachverhalte hineinzudenken, zeichnen ihn aus. Der Veränderer überlegt ständig, wie neue Reize geschaffen werden können, um Mitarbeiter zu inspirieren. Im Gegensatz zum Verwalter, der ein umfangreiches Regelwerk verfasst, schafft der Veränderer eine offene Diskussionsplattform mit möglichst wenig Regeln. Er drängt darauf, dass Ideen, die entstehen, schnell entschieden und umgesetzt werden. Spielräume, die er hat, nutzt er geschickt. Was andere als Beschränkungen empfinden, schränkt ihn nicht ein. Innerhalb des Systems findet er eigene Wege. Er initiiert Dialoge mit Führungskräften, selbst wenn ihn danach niemand gefragt hat. Er möchte überzeugen. Den Veränderer müssen Sie übrigens nicht lange suchen. Er zeigt sich direkt an der Front. Eigentlich wäre es ein Wunder, wenn sie ihm nicht schon morgens auf dem Gang begegnen.

Der Visionär – die Zukunft des Ideenmanagements?

Der Visionär will nicht nur verändern, sondern die Zukunft des Unternehmens gestalten. Das klassische Verhältnis von Ideeneinreichern und Gutachtern ist für ihn vollkommen überholt. Für ihn sind alle Mitarbeiter Teilnehmer am Ideenmanagement. Das ehemals starre System des Ideenmanagements ist komplett aufgebrochen. Sein Ziel ist nichts anderes als aus einem Unternehmen eine Ideenfabrik zu machen. Regeln sind für ihn da, um gebrochen zu werden. Als Ideenmanager gibt er spannende und inspirierende Themen vor. Wenn es darum geht, das Unternehmen der Zukunft zu entwickeln, ist der Ideenmanager der Visionär vom Dienst. Nicht jedes Ziel muss wirklich erreichbar sein, doch es muss Mitarbeiter inspirieren und Funken in ihren Köpfen auslösen.

Ein bisschen erinnert der Visionär an einen Propheten. Unablässig predigt er ein neues Führungsverständnis. „Führungskräfte müssen sich verändern", hört man ihn häufig sagen. Der Visionär selbst ist ein Katalysator. Sogar ein ganz wichtiger. Vielleicht sogar der zentrale Katalysator des Unternehmens. Er überlegt ständig, wen er im Unternehmen miteinander vernetzen kann, wo kreative Teams entstehen können, die gemeinsam an neuen zukunftsweisenden Ideen arbeiten können. Der Visionär weiß, dass Ideen Teamarbeit sind. Doch wie genau müssen die Teams zusammengesetzt sein?

Der Ideenmanager blickt weit über den Tellerrand hinaus. Warum sollen nicht Partner des Unternehmens oder Lieferanten, vielleicht sogar Kunden an neuen Ideen für das Unternehmen arbeiten? Vielleicht, so denkt der Visionär, entstehen dadurch kleine Wunder. Und in der Tat, wenn es im Unternehmen Wunder gibt, gehen sie meistens auf sein Konto. Übrigens ist er einer der größten Verfechter von Experimenten. „Lasst es uns einfach ausprobieren!", dieser Satz könnte an seiner Bürotür hängen. Der Ideenmanager der Zukunft ist der zentrale Baustein der Ideen und Innovationskultur des Unternehmens. Wenn man ihm einen Managementtitel geben würde, dann wahrscheinlich diesen: Er ist der Chief-Passion-Officer des Unternehmens. Er ist der, der das Feuer der Leidenschaft jeden Tag neu entfacht.

4.5 Wenn Innovationsmanagement Innovationen verhindert – Wie Ideen schneller und effektiver umgesetzt werden können

Wie erfindet man Mickey Maus? Walt Disney würde antworten: *„Mit Fantasie, Kreativität und dem Mut, an das Ungewöhnliche zu glauben."* Wie erfindet man eine Glühbirne? Thomas Edison würde antworten: *„Indem man so lange scheitert, bis das Ergebnis endlich da ist."* Er brauchte tausende von Experimenten, bis die Glühbirne funktionierte. Wie entwickelt man die Relativitätstheorie? Albert Einstein würde antworten: *„Indem man das Bestehende kontinuierlich infrage stellt."* Wie entwickeln Unternehmen Innovationen? Ein Manager würde antworten: „Indem man einen Innovationsprozess installiert, in dem Ergebnisse der Trend- und Marktforschung zusammenfließen, zu Ideen weiterentwickelt werden und in dem durch klar definierte Entscheidungspunkte gute von schlechten Ideen unterschieden werden. Dazu setzen wir auf ein bewährtes Instrumentarium von Tools und Techniken: Trendanalysen, Marktanalysen, Kundenzufriedenheitsanalysen, Machbarkeitsstudien, Konzepttests, Risikoanalysen, Markteintrittsstudien, Marktpotenzialanalysen und so weiter."

Die Flut der Analyseinstrumente im modernen Management hat das verdrängt, was Disney, Edison und Einstein ausgezeichnet hat: Die Überzeugung, ein Ziel zu verfolgen. Stattdessen wird die nächste Analyse vorbereitet, die nächste Umfrage gestartet, der nächste Prozessschritt definiert. Das Problem: Durch langwierige Prozesse entstehen Zeit- und Reibungsverluste. „Die Entscheidung musste verschoben werden, der Kollege war im Urlaub." „Die Technik ist gerade in andere Projekte eingebunden." „Es kam etwas anderes dazwischen." So werden jeden Tag Innovationen auf die lange Bank geschoben.

Woche 1: Meetings, Meetings, Meetings. Woche 3: Entscheidung vertagt, Projekt liegt auf Eis. Woche 5: Der Projektplan muss überarbeitet werden, neue Meetings werden angesetzt. Woche 7: Die Meetings finden nicht statt, ein Kollege ist im Urlaub. Woche 9: Ein aktuelles Projekt kommt dazwischen. Woche 11: Der Plan wird erneut diskutiert. Woche 12: Alles wieder von vorne.

In der bereits erwähnten CEO-Studie von IBM wird ein Unternehmenschef aus den USA mit den Worten zitiert: „Wir sind durchaus erfolgreich, aber langsam." Unternehmen laufen Gefahr, im weltweiten Wettbewerb um Innovationen den Anschluss zu verlieren. Die Geschwindigkeit von Innovationen wird zum entscheidenden Faktor. Innovation müsste eigentlich anders aussehen:

Woche 1: Mitte der Woche stehen zehn alternative Konzepte, die Umsetzung beginnt sofort. Woche 3: Die Prototypen sind fertig und schon beim Kunden. Die Feedbacks werden aufgenommen, die Konzepte überarbeitet. Woche 5: Das finale Konzept steht, der Prototyp wird perfektioniert. Woche 8: Erste Bewährungsprobe in der Praxis. Die wichtigste Frage: Wie muss das Marketing aussehen, damit so viele Kunden wie möglich das Produkt kaufen? Unterschiedliche Marketingansätze werden entwickelt und ausprobiert. Woche 10: Ausarbeitung der Einführungsstrategien. Woche 12: Letzter Schliff. Fertig.

Warum stehen sich Unternehmen bei der Umsetzung von Innovationen selbst im Weg? Ähnlich wie bei der Entwicklung des Ideenmanagements der Zukunft haben wir auch hier einen Thinktank veranstaltet, diesmal mit Innovationsmanagern verschiedener Branchen. Im Vorfeld des Trendgipfels 2010 in Frankfurt haben 15 Innovationsverantwortliche – vom Leiter eines Forschungslabors über den Entwicklungschef eines Automobilzulieferers bis zum Vorstand einer Bank – vier typische Innovationskiller in Unternehmen erarbeitet.

Innovationskiller 1: Das Tagesgeschäft hat immer Vorrang

Eines der größten Probleme im Aufbau eines effizienten und präsenten Innovationsmanagements sind mangelnde Ressourcen. Das Tagesgeschäft sowie die Erfüllung von Projektdeadlines und -zielen nehmen das Gros der Arbeitszeit in Anspruch. Es bleibt nebenbei kaum noch Raum, sich mit aufwendigem Innovationsmanagement auseinanderzusetzen oder mehrere Stunden in die Präsentation einer Idee zu investieren, die vielleicht erst spät oder nie umgesetzt wird. Die Arbeit und Projektierung ist meist so sehr auf operative Effizienz getrimmt, dass kaum Zeit zum Luftholen, geschweige denn Ideenentwickeln bleibt.

Innovationskiller 2: Das Ampeldenken

Unternehmen sind zielgetrieben, viele Manager denken in Ampeln. Ziele grün, Ziele gelb, Ziele rot. Wieso zum Treiber der eigenen oder sogar fremden Idee werden, wenn am Ende die Arbeitszeit vielleicht verloren ist? Der Erfolg von Ideen ist vorher oft nicht messbar, die große Innovation wird im Keim erstickt. Es fällt schwer, ohne eine klare Return-on-Investment-Prognose einen Gedanken zu bewerben, wenn ein eventuelles Scheitern später noch zum persönlichen Misserfolg werden kann.

Innovationskiller 3: Prioritäten der oberen Hierarchieebenen

Sollten Sie Zeit für die Idee gefunden und deren Umsetzung mit Mut und Entschlossenheit in Ihrem Team vorangetrieben haben, kann es sein, dass Sie an der nächsten Hierarchiestufe scheitern. Dort sind die Prioritäten gerade ganz anders: Kostensenkung, Restrukturierung, Übernahme anderer Unternehmen. Ressourcen und Freiräume für den wachsenden Aufwand von Innovationen sind knapp. Bei Prioritätenkonflikten kommen selbst gute Ideen schnell unter die Räder.

Innovationskiller 4: Es tut noch nicht weh genug

Erfolg! Sie haben Ihr Team, Ihre Zeit, das „Ja" von oben und sind leidenschaftlich an der Konzeptionierung eines Geschäftsmodells oder einer Innovation. Nach einer Woche zeigen sich erste Hürden, mit denen auch Sie nicht gerechnet haben. Es kommt eine Diskussion im Unternehmen auf: In den letzten zehn Jahren lief es auch ohne bahnbrechende Neuerungen ganz gut. Es ist nicht unbedingt notwendig, etwas Innovatives hervorzubringen. Verbessern reicht schließlich aus. Und morgen ist auch noch Zeit für Innovationen.

Neue Rollen in Unternehmen: Wie Innovationen schneller umgesetzt werden können

Die nachfolgenden Ideen stammen von den Teilnehmern des Thinktanks. Es sind Ideen, die das Innovationsmanagement nicht abschaffen, sondern ergänzen. Um Tools, die wie ein Hochdruckkessel für neue Ideen wirken.

Revolutionär im Auftrag des Vorstands: Der „Hofnarr"

Diese Idee ist nicht ganz neu. Genauer gesagt stammt sie aus dem Mittelalter. Hofnarren hatten damals eine wichtige Funktion. Sie sahen merkwürdig aus und benahmen sich auch so, aber sie waren weit mehr als nur die Belustiger des Hofstaates. Sie hatten die Aufgabe, den Mächtigen einen Spiegel vorzuhalten. Unternehmen brauchen einen Hofnarren. Einen Revolutionär im Auftrag des Vorstands, eine hierarchiefreie Instanz, die laut auf Probleme hinweist, Ideen aufnimmt und verknüpft, stört und reizt, über konzeptionelles Denken verfügt und Gedanken pointiert darstellt. Der „Hofnarr" stellt in den verschiedenen Abteilungen des Unternehmens dumme" Fragen: „Warum arbeitet in der Entwicklung noch niemand an Konzepten zum mobilen Internet?" „Wieso entwickeln Sie Produkte nicht zusammen mit Ihren Kunden?" „Wieso dauert dieser Prozess so lange? Wie kann man den beschleunigen?" Der „Hofnarr" sucht nach Verbesserungs- und Innovationspotenzialen. Die Ergebnisse seiner „dummen" Fragen fließen direkt in die Strategieplanung des Unternehmens ein.

Der Ideencoach

Ein Hauptproblem im Innovationsmanagement: Mitarbeiter haben halb-fertige Ideen im Kopf, aber dann fehlt Ihnen der Sparring Partner. Jemand, mit dem die Idee gemeinsam im Gespräch weiterentwickelt werden kann, jemand, der Türen öffnet und Kontakte vermittelt, jemand, der hilft, Ideen auf den Punkt zu bringen. Ein Ideencoach im Unternehmen fungiert wie ein interner Berater oder Business-Angel. Er hilft, Ideen voranzubringen und zu präsentieren. Jeder kann offen mit seiner Idee bei ihm vor-stellig werden. Ohne aufwendige Entscheidungsprozesse bekommen diese Ideen dann Unterstützung, etwa bei der Konzeption, Formulierung und Präsentation.

Open Office Day

„Was machen eigentlich die Kollegen aus der IT-Entwicklung?" „Womit beschäftigt sich ein Marketingchef den ganzen Tag?" „Warum erschließt unser Vertrieb nicht einfach neue Märkte?" Antworten gibt es beim Open Office Day, einer Art „Tag der offenen Tür" der verschiedenen Abteilungen. Der Tag dient dazu, das Unternehmen kennenzulernen und das zu er-möglichen, was im Alltag häufig untergeht: Inspirierende Gespräche und die Bildung von Netzwerken. Eine Methode, die durchaus einen wissen-schaftlichen Hintergrund hat. Die bereits zitierten US-Professoren Alan G. Robinson und Sam Stern empfehlen als eine der wichtigsten Maß-nahmen zur Steigerung der Kreativität, den ungeplanten Austausch von Informationen zu fördern. Mit dem Ziel, die Wahrscheinlichkeit spontaner Ideen durch viele zufällige Kontakte zu erhöhen.

Vorstand auf Tour – schnelle Entscheidungen statt langer Prozesse

Im Vorfeld des jährlichen Strategiemeetings touren Vorstände und Bereichsleiter durch verschiedene Teams und Abteilungen im Unternehmen. Ihr Ziel: Möglichst viele Ideen aufnehmen und sofort eine Entscheidung treffen. „Verfolgen Sie die Idee einmal weiter, ich sorge für die notwendigen Ressourcen." „Da bin ich mir unsicher, können Sie das noch durch Zahlen untermauern?" Oder noch einfacher: „Machen!" Dieses Vorgehen soll die Hürden nehmen, Ideen dem Vorstand vorzustellen. Der wichtigste Punkte bei „Vorstand on Tour": Geschwindigkeit. In den Meetings werden direkte operative Entscheidungen getroffen. Ein sehr pragmatischer Umgang mit dem Thema Innovation. Sofort werden kleine Teams gebildet, die Ideen in überschaubaren Zeiträumen umsetzen. Innovationen und Kreativität wären damit unmittelbar in die Agenda des Unternehmens implementiert.

Mein Dank gilt allen Teilnehmern der beiden Thinktanks zur Zukunft des Ideenmanagements und des Innovationsmanagements. Sie haben uns offen hinter die Kulissen ihrer Unternehmen schauen lassen. Die Ergebnisse der beiden Thinktanks haben vor allem eines gezeigt: Innovation entsteht durch Menschen, die im Unternehmen Mauern einreißen und durch viele kleine Maßnahmen, die mitunter koordiniert, manchmal auch parallel und beinahe „chaotisch" im Unternehmen ablaufen. Das Wort „chaotisch" ist dabei nicht negativ gemeint. Auch die Natur ist ein chaotisches System. Es gibt kein zentrales Artenverwaltungs- oder Evolutionsmanagement. Und trotzdem gibt es kaum ein perfekteres Beispiel für erfolgreiche Innovation als die Natur.

5.
Arbeitet hier zufällig ein Herr Edison? Wie Sie das Innovationspotenzial Ihres Teams erkennen können

● ●

Wie kreativ ist Ihr Team? Denken Sie kurz nach. Merken Sie, wie schwer Ihnen die Beantwortung dieser Frage fällt? Was heißt „Wie kreativ ist mein Team" genau? Ernie hat letzte Woche einen Kuchen gebacken und ihn lustig bunt verziert. Ist er deswegen kreativ? Susanne sitzt mit ihrem Laptop häufiger bei Starbucks, weil sie sagt, dass sie dort kreativer arbeiten kann. Macht sie das kreativ? Und beim Wettbewerb „Unser Büro soll schöner werden" haben Sie in der vergangenen Woche den Preis für die originellsten Einrichtungsideen gewonnen. Ist das kreativ?

Der Begriff Kreativität ist schwammig. Mit hoher Wahrscheinlichkeit haben Sie Schwierigkeiten, ihn auf Ihr Team herunterzubrechen. Machen Sie sich deswegen keine Sorgen. Nicht einmal Experten sind sich darüber einig, was der Begriff der Kreativität eigentlich bedeutet. Und wenn es um die Frage geht, was einen kreativen Menschen denn genau auszeichnet, bekommen sie auch hier von fünf Experten sechs Antworten. Ich möchte die Frage deswegen anders stellen: „Wie gut ist Ihr Team in der Lage, neue und nützliche Ideen zu entwickeln, die Ihr Team, Ihre Abteilung oder Ihr Unternehmen voranbringen?"

Bei dieser Fragestellung ist es völlig egal, ob Ernie wunderschöne bunte Kuchen backt oder ob sich Susanne in einem Straßencafé am wohlsten fühlt. Entscheidend ist – wie es Altkanzler Helmut Kohl einmal formulierte – was hinten raus kommt. Das kreative Ergebnis. Hat Ihr Team das Potenzial, systematisch neue Ideen zu entwickeln? Wo liegen die Stärken, wo liegen die Schwächen Ihres Teams in Bezug auf die Ideenentwicklung? Welche Kompetenzen müssten Sie in Ihrem Team möglicherweise ergänzen (oder temporär von anderen Abteilungen ausleihen), damit Sie systematisch neue Ideen entwickeln können?

Vielleicht steckt in Ihrem Team ja ein kleiner Thomas Edison und Sie haben Ihren Mitarbeiter bislang nur nie unter diesem Aspekt gesehen. Vielleicht finden Sie aber auch in verschiedenen Mitarbeitern verschiedene Teilqualitäten, die Sie zur Entwicklung neuer Ideen brauchen. In diesem Kapitel erfahren Sie es. Dieses Kapitel sagt Ihnen auch, wie Sie Arbeitsgruppen zusammenstellen müssen, damit sich die Kompetenzen Ihrer einzelnen Mitarbeiter ergänzen. Vielleicht erkennen Sie aber auch, dass Sie in Ihrem Team Kompetenzlücken haben. Systematische Ideenentwicklung erfordert bestimmte Denkqualitäten, die nicht alle Menschen im gleichen Maße haben.

Bei der Vorstellung dieses Ansatzes orientiere ich mich am Edison-Prinzip, das ich 2008 veröffentlicht habe und das sich seitdem in knapp hundert Ideenentwicklungsprozessen und Workshops als strukturierter Ansatz bewährt hat. Ist es der einzige Ansatz, der funktioniert? Nein. Es gibt andere sehr gute Methoden, um das kreative Potenzial von Teams einzuschätzen. Die beiden US-Wissenschaftlerinnen Dorothy Leonhard und Susaan Straus beispielsweise gehen davon aus, dass innerhalb von Teams Meinungen und Ideen aufeinanderprallen müssen: *„Manager, die Konflikte scheuen oder nur ihre eigenen Ansätze wertschätzen, vermeiden das Aufeinanderprallen von Ideen aktiv. Sie stellen nur einen bestimmten Typ ein und belohnen ihn – üblicherweise Menschen, die so denken wie sie. Ihre Organisation wird Opfer dessen, was wir das ‚Comfortable Clone Syndrome' nennen. Mitarbeiter* *teilen die gleichen Interessen und die gleiche Ausbildung. Weil nun alle Ideen durch ähnliche kognitive Filter gehen, überleben nur die bekannten. "* Um das zu umgehen, empfehlen sie, sogenannte „Whole Brained Teams" zu generieren, die auf dem Hermann Brain Dominance Instrument (HBDI) beruhen, das die Denkansätze und Denkstile von Menschen analysiert. Teams, die ausschließlich aus logischen Analytikern, Technikern, Planern und Organisatoren bestehen, sollten durch holistisch, künstlerisch oder emotional orientierte Mitarbeiter ergänzt werden, um Diversität in den Denkstilen zu erreichen.

Das Edison-Prinzip misst nicht die Kreativität des Teams, sondern die Fähigkeit, systematisch und strukturiert durch den Prozess der Ideenentwicklung zu gehen. An verschiedenen Stellen dieses Prozesses brauchen Sie unterschiedliche kreative Fähigkeiten. Diese kreativen Fähigkeiten und nicht abstrakte Denktypen stehen im Mittelpunkt des Edison-Prinzips. Noch etwas spricht dafür, sich an den konkreten Denkfähigkeiten von Thomas Edison zu orientieren: Der Erfinder hatte das genetische Glück, dass er Problemfinder und Problemlöser, Träumer und Geschäftsmann, Spinner und Realist, Denker und Macher in einer Person war. Die einzelnen Denkqualitäten finden Sie nur sehr selten in einer Person vereint, umso häufiger in unterschiedlichen Menschen. Erst wenn sich diese Qualitäten ergänzen, haben Sie – bildhaft gesprochen – einen Edison.

Das Edison-Prinzip: In sechs Schritten zu neuen Ideen

Der geniale Erfinder Thomas Edison ist bis heute die Ikone der Ideenentwicklung. Seine wichtigste Erfindung – die Glühbirne – gilt bis heute als Symbol für den Geistesblitz. Das liegt nicht daran, dass sich Thomas Edison darauf beschränkte, die Glühbirne zu erfinden. Wäre das seine einzige historische Leistung gewesen, wäre er heute nicht in so vielen Lehrbüchern als Beispiel immer wieder erwähnt. Thomas Edison hat das systematische Erfinden erfunden. Niemand ist vor ihm so strukturiert an die

Ideenentwicklung herangegangen. Niemand hat jemals zuvor eine Ideen-fabrik aufgebaut, in der Erfindungen systematisch produziert wurden. Sein Ideenentwicklungsprozess verlief immer in sechs Schritten. Jeder dieser Schritte erfordert spezielle Denkqualitäten, die Sie im Folgenden näher beschrieben finden.

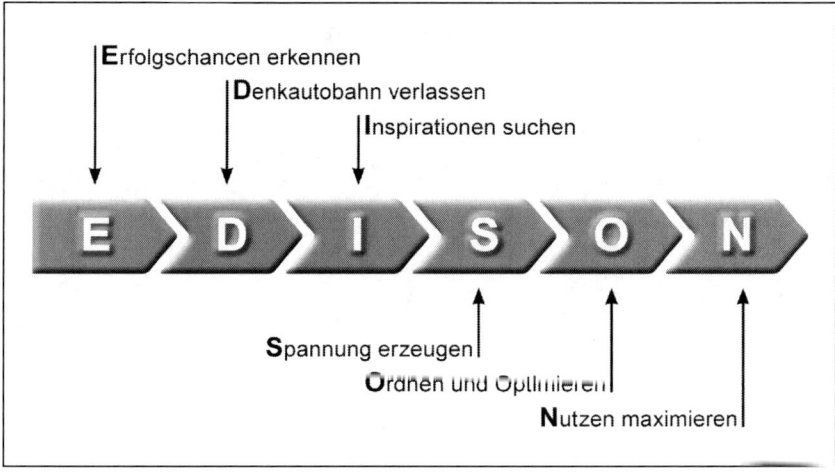

Abbildung 12: Die sechs Schritte des Edison-Prinzips

Diese sechs Schritte sind:
- **Schritt 1:** Erfolgschancen erkennen – Suchfelder identifizieren, die das größte Erfolgspotenzial aufweisen
- **Schritt 2:** Denkautobahn verlassen – Neue und ungewöhnliche Frage-stellungen finden
- **Schritt 3:** Inspirationen suchen – Systematisch den eigenen Horizont erweitern
- **Schritt 4:** Spannung erzeugen – Den Geistesblitz herbeiführen
- **Schritt 5:** Ordnen und optimieren – Das unermüdliche Tüfteln am Optimum
- **Schritt 6:** Nutzen maximieren – Das Maximale aus Ideen herauszuholen

Auf den folgenden Seiten lernen Sie die einzelnen Schritte und die Fähigkeiten, die dazu benötigt werden, näher kennen. Anschließend können Sie mithilfe einer Checkliste das kreative Potenzial Ihrer Mitarbeiter und damit schließlich Ihres Teams analysieren.

5.1 Erfolgschancen erkennen – Möglichkeiten finden, die andere übersehen

„Ich finde heraus, was die Welt braucht. Und dann erfinde ich es."

Thomas Alva Edison

Erfolgreiche Ideen sind in erster Linie geniale Problemlösungen. Sie machen das Leben leichter, helfen Probleme aus dem Weg zu räumen und sind anderen Lösungen überlegen. Edison war ständig auf der Suche nach Problemen, die er lösen konnte. Er erfand die Glühbirne nicht, weil er gerade nichts Besseres zu tun hatte oder eine besondere Leidenschaft für das elektrische Licht hegte. Er erfand sie, weil er erkannte, dass das damals vorherrschende Gaslicht teuer und vor allem gefährlich war. So definierte er seine Erfolgschance, die er mit den markigen Worten beschrieb: *„Ich werde das elektrische Licht so preiswert machen, dass es sich nur noch die Reichen leisten könnten, Kerzen anzuzünden."* In der Schwäche des Gaslichts sah er eine große Chance für eine neue Ära der Technologie: Elektrisches Licht für Jedermann.

Die dahinter stehende Qualität: Problemsensitivität

Zwei Ihrer Mitarbeiter, nennen wir sie einmal „A" wie „aufmerksam" und „B" wie „bequem", sind bei einem Kunden zum Gespräch. Was bringen sie zurück? A, der in der Lage ist, Probleme zu erkennen, wird Ihnen sehr genau beschreiben, wo beim Kunden gerade der Schuh drückt und wo sich daraus potenzielle Möglichkeiten für neue Produkte, Dienstleistungen oder Geschäftsmodelle ergeben. B kommt zurück und sagt: „Der Kaffee war gut. Ansonsten sind alle zufrieden."

Für den Einstieg in den kreativen Prozess brauchen Sie Mitarbeiter vom Typ A: Die Problemsensitiven. Mitarbeiter, die nicht einfach aufgeben, nur weil ein Kunde gerade sagt: „Bei mir ist alles in Ordnung", sondern Mitarbeiter, die nachhaken und systematisch auf die Suche nach Problemen gehen. Für Wissenschaftler wie Joy Paul Guilford, einen der Begründer der Kreativitätslehre, ist Problemsensitivität eine der herausragenden Eigenschaften kreativ denkender Menschen. Probleme zu erkennen bedeutet: Das Symptom vom Problem zu unterscheiden. Kunden schildern Ihnen häufig nur ein Symptom. Häufig liefern sie auch gleich eine Erklärung mit, die Mitarbeiter A kritisch hinterfragt. Der Kunde sagt beispielsweise: „Unsere Produktionskosten sind zu hoch, weil die Konkurrenz aus Asien immer stärker wird." Mitarbeiter A hinterfragt das sofort, Mitarbeiter B gibt sich mit der Erklärung zufrieden. Mitarbeiter A bohrt hartnäckig nach: „Was kann denn die Konkurrenz aus Asien besser?"

- „Na ja, sie ist billiger."
- „Warum ist sie denn billiger?"
- „Weil sie eine nicht ganz so hohe Qualität haben wie wir."
- „Warum haben sie keine ganz so hohe Qualität wie Sie?"
- „Weil sie mit billigeren Zulieferteilen arbeiten, die im Zweifelsfall nicht ganz so lange halten."

Selbst wenn Mitarbeiter D bis zu diesem Punkt vorgedrungen wäre oder dem Gespräch zufällig gelauscht hätte, würde Mitarbeiter B niemals auf die Idee kommen, darin eine Chance zu sehen. Mitarbeiter A hingegen schon. Mitarbeiter A antwortet: „Also hätten Sie die Chance, mithilfe einer abgespeckten Billigvariante Ihres Produktes die Kosten zu senken?" Die Antwort des Kunden wird möglicherweise lauten: „Ja, das kann sein." Mitarbeiter A sieht darin eine Chance, den Kunden zu unterstützen ein preiswerteres Produkt für den asiatischen Markt zu bauen.

Bemerken Sie den Unterschied zwischen den beiden Mitarbeitertypen? Probleme zu definieren, wo bislang nur Symptome zu erkennen sind, ist eine hohe kreative Fähigkeit. Diese Fähigkeit lässt sich trainieren. Sie können beispielsweise durch standardisierte Leitfäden zum Kundengespräch die Augen und Ohren Ihrer Mitarbeiter schärfen. Bis zu einem bestimmten Grad ist jeder Mensch in der Lage, problemsensitiv zu sein.

Die gleiche Fähigkeit benötigen Sie, wenn es darum geht, Verbesserungspotenziale für Prozesse innerhalb Ihres Unternehmens zu finden. Auch hier gibt es zwei Typen von Mitarbeitern: Mitarbeiter A hinterfragt erst einmal jeden Prozess kritisch und fällt häufiger einmal mit der Frage auf: „Geht das nicht einfacher?" Mitarbeiter B hingegen hat kein Problem damit, von morgens bis abends Akten von links nach rechts und wieder zurück zu stapeln. Für ihn ist das ein normaler Prozess, den es nicht zu hinterfragen gilt. Traurigerweise stößt Mitarbeiter A mit seiner Einstellung häufiger auf Probleme im Team, weil er für Mitarbeiter B natürlich unbequem ist. Und schnell wird Mitarbeiter A als Nörgler stigmatisiert.

Kreativ Unzufriedene – wertvolle Treiber eines kreativen Prozesses

„So, so, die Nörgler sollen also in Wahrheit nur die Mitarbeiter mit dem hohen kreativen Potenzial sein?" Diese Frage stellen Sie zu Recht. Über Probleme zu meckern und zu jammern ist – zumindest wenn man den gängigen Klischees glauben darf – eine Eigenschaft von uns Deutschen, die scheinbar einfach in uns steckt. Wenn man einen Edison daran erkennen würde, dass er viel meckert, müsste in jedem von uns ein kleines Genie stecken. Dummerweise haben wir in der deutschen Sprache für das Wort Unzufriedenheit nur einen einzigen Ausdruck und dieser Ausdruck wird gleichgesetzt mit jammern und nörgeln. Dabei gibt es zwei verschiedene Arten von Unzufriedenheit bei Menschen:

- Die Nörgler, also die negative destruktive Variante. Diese Mitarbeiter meckern, weil sie meckern wollen.
- Die kreativ Unzufriedenen. Was sie sagen, mag im ersten Moment genau so klingen wie beim Nörgler, doch es gibt einen wesentlichen Unterschied: Sie meckern, um Dinge zu verbessern.

Kreativ Unzufriedene sind nicht unzufrieden, weil sie damit ihrem Frust über die bestehenden Verhältnisse freien Lauf lassen wollen. Sie sind unzufrieden, weil sie in jedem Problem eine Chance wittern, es besser zu machen.

Wie unterscheiden Sie diese beiden Typen nun voneinander? Bedanken Sie sich ab sofort für jedes Meckern oder Nörgeln und schreiben Sie die Punkte aufmerksam auf. Geben Sie dem Mitarbeiter die Aufgabe, dem Problem tiefer auf den Grund zu gehen und mögliche Chancen, also Lösungsansätze, zu entwickeln. Sie werden ganz schnell folgendes merken: Die einen bekommen leuchtende Augen, weil sie endlich etwas Neues entwickeln dürfen. Die anderen rollen die Augen und Sie können förmlich sehen, dass sie denken: „Ach du Schreck, da kommt ja Arbeit auf mich zu."

Eine weitere Möglichkeit. Vergeben Sie Problemsuchaufträge. Sagen Sie beispielsweise: „In der kommenden Woche möchte ich mich mit euch zusammensetzen und mir Gedanken machen über neue Dienstleistungen, die wir unseren Kunden anbieten können. Liebe Mitarbeiter, geht doch einmal systematisch auf die Suche nach Problemen bei unseren Kunden. Achtet bitte auf Dinge, über die Kunden klagen beziehungsweise die bei ihnen schwer und kompliziert gelöst sind." Oder aber Sie kündigen an, dass Sie Prozesse im Unternehmen optimieren möchten. Sagen Sie auch hier: „Liebe Kollegen, in der nächsten Woche möchte ich gerne ein Meeting ansetzen, in dem wir uns damit beschäftigen, was bei uns intern an Abläufen verbessert werden kann. Geht doch bitte einmal auf die Suche nach Abläufen, die eurer Meinung nach zu kompliziert oder langwierig sind."

Jetzt müssen Sie nur noch abwarten und beobachten, mit wie viel Begeisterung Ihre Mitarbeiter an die Aufgabe herangehen und welche Ergebnisse sie liefern. Sind es kleine Probleme, die beispielsweise nur der Verbesserung der eigenen Situation dienen? Kommen Bemerkungen wie: „Die Pflanzen vertrocknen häufiger, die müssten öfter gegossen werden." Oder: „Der Ralf geht mittwochs immer zum Griechen und riecht dann nach Knoblauch. Können wir seine Sitzposition verändern?" Oder beschäftigt sich der Mitarbeiter wirklich mit Problemen, deren Optimierung dem gesamten Team etwas bringen würde? Beispielsweise: „Die Bearbeitung eines Vorgangs dauert bei uns immer zwei Wochen, weil mindestens einer der fünf, die drauf gucken müssen, im Urlaub, krank oder gerade anderweitig beschäftigt ist. Warum vereinfachen wir den Prozess nicht?"

Achtung! Diejenigen, die Probleme erkennen, sind nicht auch automatisch diejenigen, die die beste Lösung für dieses Problem erarbeiten können. Und umgekehrt heißt es nicht, dass die Mitarbeiter, die keinerlei Probleme einbringen, keine kreativen Lösungen entwickeln können. Das Ziel dieser Aufgabe besteht nur darin herauszufinden, welches Potenzial in Ihrem Team vorhanden ist, um Probleme zu erkennen, zu definieren und daraus Chancen abzuleiten.

Checkliste

Mit der nachfolgenden Checkliste können Sie herausfinden, ob Ihre Mitarbeiter das Potenzial haben, Probleme zu erkennen und Erfolgschancen zu definieren. Gehen Sie diese fünf Fragen nacheinander in Bezug auf Ihre Mitarbeiter durch. Übertragen Sie die Antworten in die Matrix am Ende dieses Kapitels, die Ihnen einen Überblick über die Zusammensetzung der kreativen Fähigkeiten in Ihrem Team gibt. Diese Matrix wird Ihnen dabei helfen, die kreativen Stärken und Schwächen Ihres Teams auf einen Blick zu analysieren. Gehen Sie den Fragebogen gemeinsam mit jedem Mitarbeiter in Ihrem Team durch.

Bewerten Sie die Aussagen auf einer Skala von 1 bis 4.

1 bedeutet „**Nein**",
2 bedeutet „**Eher nein**",
3 bedeutet „**Eher ja**",
4 bedeutet „**Ja**".

	Nein (1 Punkt)	Eher nein (2 Punkte)	Eher ja (3 Punkte)	Ja (4 Punkte)
Mein Mitarbeiter redet lieber darüber, wo es gerade klemmt, als darüber, wo es gerade gut läuft.				
Wenn ich ihn bitte, nach Problemen zu suchen, macht ihm das offensichtlich Spaß.				
Die Probleme, von denen der Mitarbeiter berichtet, haben eine Relevanz für mein Team, meine Abteilung und unser Unternehmen.				

	Nein (1 Punkt)	Eher nein (2 Punkte)	Eher ja (3 Punkte)	Ja (4 Punkte)
Der Mitarbeiter geht Problemen auf den Grund. Er gibt sich nicht mit schnellen Erklärungen zufrieden, sondern hinterfragt immer die Gründe.				
Der Mitarbeiter meckert nicht aus Frust, sondern weil er Dinge verbessern will.				

Auswertung des Tests:

Null bis fünf Punkte

Ihr Mitarbeiter hat bisher wenig Potenzial darin gezeigt, Probleme zu erkennen und zu beschreiben oder ihnen auf den Grund zu gehen. Vielleicht ist es nur die Angst, Probleme vor Ihnen als Führungskraft zuzugeben. Immerhin werden Probleme in vielen Unternehmen gerne auch als Kritik an der Person der Führungskraft aufgefasst. Gerade wenn der Mitarbeiter aus einem Unternehmen kommt, in dem zuvor strenge Hierarchien Kreativität erdrückt haben, könnte er möglicherweise damit Schwierigkeiten haben. Geben Sie ihm die Aufgabe, Probleme zu suchen, ermuntern Sie Ihren Mitarbeiter. Wenn auch das nichts bringt, gehen Sie davon aus, dass bei ihm das Potenzial der Problemerkennung und -analyse nicht so stark ausgeprägt ist, wie Sie es zur Entwicklung neuer Ideen benötigen.

Sechs bis zehn Punkte

Hier sind Anzeichen für Potenzial erkennbar. Überlegen Sie genau: Was waren es für Situationen, in denen Ihr Mitarbeiter Ihnen von Problemen berichtet hat? War es aufgefordert oder war es unaufgefordert? War es im Zusammenhang mit einem Kundenprojekt? Wenn ja, mit welchem? Haben Sie Ihren Mitarbeiter damals dazu animiert, nach Problemen zu suchen und daraus Chancen abzuleiten? Oder hat Ihr Mitarbeiter das weitgehend von sich aus getan? Überlegen Sie, ob Sie Ihren Mitarbeiter häufiger in Situationen bringen können, in denen er sein Potenzial ausbauen kann.

Elf bis fünfzehn Punkte

Hier steckt das Potenzial für einen kleinen Edison, zumindest was die Fähigkeit des Problemerkennens, -definierens und Chancenableitens betrifft. Binden Sie diesen Mitarbeiter stärker in Projekte der Problemsuche und -analyse ein. Falls Sie ein kleines Team haben, könnte er möglicherweise Ihre rechte Hand bei der Suche nach Kundenproblemen oder organisatorischen Problemen sein. Überlegen Sie, wie Sie die Sinne dieses Mitarbeiters noch weiter schärfen können.

Sechzehn bis zwanzig Punkte

Hurra! Ein Problem! So scheint dieser Mitarbeiter veranlagt zu sein. Wahrscheinlich sind Sie manchmal schon ein bisschen genervt, weil dieser Mitarbeiter ständig mit einem neuen Problem auf der Matte steht. Zugegeben, die Zusammenarbeit mit Charakteren wie diesem Mitarbeiter ist häufig nicht ganz einfach. Aber: Dieser Mitarbeitertyp bringt Sie voran! Für ihn scheint Problemsuche förmlich ein Hobby zu sein. Hegen und pflegen Sie das Potenzial dieses Mitarbeiters, auch wenn es manchmal schwerfällt. Hören Sie ihm zu, notieren Sie das, was er sagt, und überlegen Sie, wie Sie aus diesen Problemen Chancen für neue innovative Ideen ableiten können. Achten Sie aber darauf, dass Sie keinem destruktiven Meckerer aufsitzen. Manchmal tarnt dieser Typus seinen Frust und seinen Unwillen, etwas zu verändern, in einer scheinprofessionellen Attitüde, die davon ablenkt, dass diese Person eigentlich überhaupt nicht daran interessiert ist, Chancen zu sehen.

5.2 Denkautobahn verlassen – Die Suche nach neuen Fragestellungen

„Ich stelle die gleiche Frage auf hundert verschiedene Weisen."

Thomas Alva Edison

Kennen Sie das? Sie hören ein Problem und denken sofort: „Da gibt es doch schon was." Manchmal fällt Ihnen auch spontan eine Idee ein, wie man das Problem lösen könnte. Meistens ist es der erste naheliegende Einfall. Unser Kopf suggeriert uns gerne, dass es eine „richtige" Lösung gibt, also die, die es entweder schon gibt, oder die, die uns gerade eingefallen ist. Und dass es „falsche" Lösungen gibt. Bei der Beurteilung von Ideen ist dieses Denken in den Kategorien „richtig" oder „falsch" durchaus hilfreich, bei der Suche nach kreativen neuen Ideen steht es Ihnen im Weg. Dummerweise steckt das Denken in „richtig" oder „falsch" tief in uns drin. Es wird uns bereits in der Schule antrainiert.

Ein Beispiel
Ein Intelligenztest für Kinder, den Fünfjährige zu beantworten haben. Dem Kind werden fünf verschiedene Symbole gezeigt: Ein Ball, Schlittschuhe, ein Dreirad, eine elektrische Eisenbahn und ein Fahrrad. Das Kind soll die Frage beantworten: Was gehört hier nicht hinein? Die Lösung: Der Ball. Ein Kind, das etwas anderes angibt, ist durchgefallen. Die Begründung: Es ist das Einzige, was kein Fortbewegungsmittel ist. Das ist die offensichtlichste Lösung, aber nicht die Einzige. Man könnte genauso gut argumentieren, die elektrische Eisenbahn gehöre nicht in diese Reihe, weil sie das Einzige ist, was mit Strom angetrieben wird. Genauso gut könnten Sie argumentieren, dass die Schlittschuhe nicht in die Reihe gehören, weil sie als Einziges nur paarweise verwendbar sind. Das Dreirad gehört nicht in diese Reihe, weil es das Einzige ist, das nur bis zu einem Alter von maximal vier Jahren verwendet wird. Zugegeben, die letzte Möglichkeit ist strittig, vielleicht gibt

es den einen oder anderen Erwachsenen, der gerne wieder einmal Dreirad fahren würde. Wenn wir vom Normalzustand ausgehen, ist die Anzahl von Erwachsenen auf Dreirädern im Straßenverkehr jedoch recht überschaubar.

Die ständige Suche nach der „richtigen" Lösung, aus der Schule, Lehre und auch Studium häufig bestehen, verhindert, dass wir den Umgang mit Ambiguität lernen – also Situationen, in denen es keine eindeutigen Signale für richtige oder falsche Entscheidungen gibt. Dabei sind ein Großteil der Entscheidungen im täglichen Leben von Mehrdeutigkeit geprägt: Welcher Weg ist der richtige? Erst im Nachhinein sind Sie schlauer. Im zweiten Schritt des Edison-Prinzips geht es darum, alternative Lösungswege aufzubauen und sie gleichberechtigt nebeneinander bestehen zu lassen. Mit dem Ziel, weg von den offensichtlichen, hin zu den ungewöhnlichen Lösungswegen zu kommen.

Als Thomas Edison begann, das elektrische Licht zu entwickeln, gab es eine Möglichkeit, die auf der Hand lag: Die Bogenlampe weiterzuentwickeln. Die Bogenlampe existierte schon seit einigen Jahren. Es war eine elektrische Lichtquelle, die auf öffentlichen Plätzen – beispielsweise in Städten wie Berlin – aufgestellt wurde und die gleißend helles elektrisches Licht verbreitete. Dieses Gerät war bekannt und es hätte nahegelegen, entweder eine kleinere Bogenlampe, eine Bogenlampe mit Glas, eine gedämpfte Bogenlampe, eine Niedervolt-Bogenlampe oder Ähnliches zu entwickeln, also das Bestehende zu optimieren. In der Tat war die Optimierung der Bogenlampe ein Gedankenweg, den Edison beschritt. Ein zweiter Denkweg bestand darin, ein elektrisches Leuchtgerät zu bauen, bei dem elektrischer Strom zunächst durch eine Batterie und einen Temperaturregler geleitet wird, um die Spannungsunterschiede, die von den Generatoren kommen, auszugleichen und den Glühfaden vor Überhitzung zu schützen. Der dritte Weg bestand darin, das zu entwickeln, was Edison als die „denkbar einfachste Lösung" empfand: Die Glühbirne. Beim zweiten Schritt geht es also darum, Denkwege zu erkunden, die andere noch nicht genommen haben.

Der wichtigste Satz, den Sie sich für diesen Schritt merken müssen, lautet: „Ich glaube nicht, dass das der einzige Lösungsweg ist!" Es ist der Schritt der Zweifler.

Haben Sie Mitarbeiter in Ihrem Team, von denen Sie diesen Satz schon einmal gehört haben? Haben Sie Mitarbeiter, die häufiger einmal sagen: „Da muss es doch noch einen anderen Weg geben"? Wieder einmal möchte ich es an den beiden Mitarbeitern „A" wie „aufmerksam" und „B" wie „bequem" zeigen. A ist der Mitarbeitertyp, der sich nicht mit der erstbesten Lösung zufriedengibt, sondern immer noch überlegt, ob es nicht einen anderen Weg gibt. Wenn jemand sagt: „Da gibt es doch schon was", antwortet Mitarbeiter A: „Na und, dann schauen wir, ob wir es besser machen können." Mitarbeiter B sagt: „Diese Frage haben wir doch schon tausendmal gestellt." Mitarbeiter A antwortet: „Dann formulieren wir sie halt anders."

Haben Sie Mitarbeiter in Ihrem Team, die diese Fähigkeit besitzen? Ist Ihnen ein Mitarbeiter durch intelligente Fragen aufgefallen? Haben Sie häufiger einmal genickt und gesagt: „Das ist eine gute Frage." Wenn ja, sind Sie in Ihrem Team gerade auf einen großen kreativen Schatz gestoßen. Neue Fragen zu formulieren, die zu neuen und ungewöhnlichen Denkwegen führen, ist eine der wichtigsten Grundlagen für den kreativen Prozess.

So erkennen Sie Mitarbeiter mit ungewöhnlichen Denkwegen

Stellen Sie in einem Meeting doch einmal die Frage: „Wie können wir diese Frage anders formulieren?" Sagen Sie Ihren Mitarbeitern, dass sie auf der Suche nach neuen Antworten zunächst einmal die Fragen ändern müssen, und fordern Sie sie auf, neue Fragestellungen zu entwickeln, das heißt die Fragestellungen zu verändern. Auch hier gilt wie beim ersten Punkt: Urteilen Sie nicht zu schnell. Die jahrelange Erziehung durch das Denken in den Kategorien „richtig" oder „falsch", die jahrelange Prägung in der Schule, in der eine Lösung entweder richtig oder falsch war, können Sie nicht auf Knopfdruck verändern. Geben Sie Ihren Mitarbeitern Zeit. Motivieren Sie sie, Fragen anders zu formulieren.

Checkliste

Die nachfolgenden fünf Fragen helfen Ihnen, das Potenzial Ihrer Mitarbeiter einzuschätzen. Bewerten Sie die Aussagen auf einer Skala von 1 bis 4: **1** bedeutet **„Nein"**, **2** bedeutet **„Eher nein"**, **3** bedeutet **„Eher ja"**, **4** bedeutet **„Ja"**.

	Nein (1 Punkt)	Eher nein (2 Punkte)	Eher ja (3 Punkte)	Ja (4 Punkte)
Von dem Mitarbeiter habe ich schon häufiger einmal den Satz gehört: „Lass uns die Frage doch einmal anders formulieren."				
Bei diesem Mitarbeiter habe ich schon häufiger einmal gedacht: „Das ist eine gute Frage."				
Der Mitarbeiter ist jemand, der sich mit vorhandenen Lösungen selten zufriedengibt, sondern nach besseren und anderen Wegen sucht.				
In dem Satz „Da gibt es schon was" sieht der Mitarbeiter kein Hindernis, sondern einen Ansporn, einen neuen Weg zu finden.				
Neuen Fragen und Lösungswegen nachzugehen, macht dem Mitarbeiter Spaß.				

Auswertung

Null bis fünf Punkte

Ihr Mitarbeiter ist vom „Richtig oder falsch"-Denken stark geprägt. Ob dies an seinem kreativen Potenzial oder seiner Erziehung liegt, können Sie nur herausfinden, indem Sie ihn häufiger ermuntern, einmal in anderen Lösungswegen zu denken. Erwarten Sie aber nicht zu viel. Ich habe in vielen Seminaren Teilnehmer erlebt, die sich an die scheinbar und vermeintlich richtige Lösung geklammert haben, weil dieser Weg ihnen Sicherheit gab. Häufig ist diese Haltung ein Zeichen von Unsicherheit, sei es eine fachliche Unsicherheit oder eine Unsicherheit über die Akzeptanz ungewöhnlicher Lösungswege. Als momentanen Stand können Sie bei diesem Mitarbeiter jedoch festhalten: Außergewöhnliche gedankliche Sprünge jenseits der offensichtlichen Lösungswege sind nicht zu erwarten.

Sechs bis zehn Punkte

Hier löst sich schon jemand von den offensichtlichen Lösungswegen und ist bereit, neue Denkwege einzuschlagen. Allerdings noch stark entwicklungsbedürftig, damit es wirklich zum Geniefaktor reicht. Für Sie als Führungskraft ist es trotzdem interessant, sich mit der Motivation dieses Mitarbeiters zu beschäftigen. Ähnlich wie beim ersten Punkt „Erfolgschancen erkennen" sollten Sie sich fragen: „Was motiviert diesen Mitarbeiter außerhalb gegebener Bahnen zu denken?" Möglicherweise liegt hier kreatives Potenzial brach, das Sie bislang nur deshalb nicht entdeckt haben, weil der Mitarbeiter nicht gefordert wurde. Bedenken Sie noch einmal: Wir sind es einfach nicht gewohnt, außerhalb bestehender Lösungswege zu denken. Das können Sie schon an der Politik sehen. Die Diskussion dreht sich immer wieder darum, ob Steuern steigen oder sinken sollen. Aber sie dreht sich selten um die Frage: „Wie können Steuern anders gestaltet werden?" Die Politik ist ein Lehrbeispiel für konventionelle Denkwege. Ungewöhnliche Ansätze werden vom politischen Gegner in der Regel schnell abgestraft.

Elf bis fünfzehn Punkte

Ihr Mitarbeiter mag es offensichtlich, häufiger einmal den konventionellen Denkrahmen zu sprengen. Das ist sehr gut. Können Sie mit den Ergebnissen dieses Denkprozesses etwas anfangen? Nehmen Sie die Anregungen des Mitarbeiters genügend auf? Wenn ja, geben Sie ihm häufiger einmal die Aufgabe, ungewöhnliche neue Lösungswege zu entdecken. Das heißt nicht, dass Sie jeden dieser Lösungswege umsetzen sollen, aber wie in der Forschung ist es immer gut zu überlegen, ob man bereits den besten Weg gefunden hat oder ob es nicht doch noch einen innovativeren gibt.

Sechzehn bis zwanzig Punkte

Dieser Mitarbeiter hat offenbar eine Allergie gegen konventionelle Lösungswege. Das ist gut, solange er nicht jeden Lösungsweg, der einmal beschlossen wird, am nächsten Tag sofort wieder ablehnt, weil es seiner Meinung nach doch noch einen besseren gibt. Gerade wenn Sie Mitarbeiter haben, die ständig und immer auf der Suche nach alternativen Lösungswegen sind, müssen Sie als Führungskraft dafür sorgen, die Kreativität dieser Mitarbeiter in die richtigen Bahnen zu lenken. Geben Sie ihnen beispielsweise die Aufgabe, neue Konzepte zu entwickeln oder aber machen Sie sie zu Beauftragten für die systematische Entwicklung neuer Denkwege.

5.3 Inspirationen suchen – Analogien aus anderen Bereichen übertragen

„Ich sauge Ideen aus jeder Quelle auf, eigentlich bin ich mehr ein Schwamm als ein Erfinder."

Thomas Alva Edison

Haben Sie zufällig einen Ideenschwamm in Ihrem Team? Jemanden, der begierig Ideen von überall aufsaugt und einbringt? Jemanden, der beispielsweise sagt: „Wir suchen nach einem neuen Kamm, mit dem man Kletten und Schmutz besser aus dem Haar herausbekommt? Da habe ich neulich etwas in der Medizin gesehen: Chirurgiebesteck, das ist ein Kamm mit so kleinen Widerhaken dran. Könnte man daraus nicht was machen?" Ideenschwämme saugen alles begierig auf, was sie sehen. Überall sehen sie Anregungen für etwas, das sie später mal woanders in einem anderen Zusammenhang einsetzen können. Sie besuchen Disney World. Andere sehen dort nur die lachenden Mickey-Mäuse. Ideenschwämme sind fasziniert von der Tatsache, dass es unter Disney World unterirdische Gänge gibt, durch die die Darsteller ganz schnell von einem Ort zum anderen wechseln. Ideenschwämme überlegen sofort, ob man diese Art der versteckten Logistik nicht auch in Supermärkten einsetzen könnte.

Thomas Edison war so ein Ideenschwamm. Er war ständig unterwegs und saugte Anregungen auf – egal, ob sie nun aus dem Bergbau stammten, aus der Chemie, aus der Biologie oder aus der Elektrotechnik. Eine Stimmgabel war für ihn nicht etwa nur ein Gerät zum Essen, sondern hatte die ideale Form, um als Bauteil in einem Stromgenerator zu dienen. Als er auf der Suche nach dem richtigen Material für die Neuentwicklung des Telefonmikrofons war, versuchte er, die wildesten Materialien mit Graphit zu kombinieren: Harz, Gelatine, Fischleim, gebrannten Gips, Zucker, Salz und Mehl. Edison hatte bis zu vierzig Projekte gleichzeitig laufen, um

Lösungen, die in einem Bereich funktionierten, einfach auf einen anderen zu übertragen. Er hatte eine Materialsammlung, von der er selbst sagte, sie enthalte ein Stück jeder bekannten Substanz *„von der Haut eines Elefanten bis zum Augapfel eines US-Senators. "*

Die dahinterstehende Qualität: Denken in Analogien

Die Suche nach Lösungen in anderen Bereichen ist für viele Menschen faszinierend, für andere kompletter Unsinn. Wieder einmal diese beiden Mitarbeitertypen: Mitarbeiter „A" (wie „aufmerksam") hat große Freude daran, auf Entdeckungsreise zu gehen. Für ihn ist die Suche nach Lösungen in anderen Bereichen ein riesengroßes Abenteuer, es gibt ihm einen Adrenalin-Kick. Mitarbeiter B (wie „bequem") hält von solchen Spinnereien nichts, sondern steht ihnen eher kritisch gegenüber. Von Mitarbeiter A hören Sie häufiger einmal den Satz: „Wow, lass uns mal überlegen, was wir da übernehmen könnten", von Mitarbeiter B hingegen den Satz: „Das lässt sich doch gar nicht miteinander vergleichen." Aus einem Kugelfisch ein Design für einen neuen Autotyp ableiten? Für Mitarbeiter A ist das total logisch, für Mitarbeiter B Kasperle-Theater und verschwendete Zeit. Raten Sie, wer von beiden die originelleren Ideen hat? Mit hoher Wahrscheinlichkeit Mitarbeiter A. Ideen sind häufig nichts anderes als die unkonventionelle Vernetzung von Wissen aus unterschiedlichen Bereichen. Kreative orientieren sich häufig an Lösungen aus anderen Bereichen. Als Thomas Edison das Stromnetz für die Glühbirne konzipierte, orientierte er sich am Wassserleitungsnetz. Eine klassische Analogie. Es liegt auf der Hand, dass derjenige, der mehr Lösungen aus mehr verschiedenen Bereichen kennt und bereit ist sie zu übertragen, originellere und bessere Ideen hat.

Checkliste
Die folgenden fünf Fragen geben Ihnen Auskunft darüber, wie ausgeprägt das Potenzial Ihres Mitarbeiters ist, in Analogien zu denken. Beachten Sie bitte auch hier: Nur weil jemand unterschiedlichste Erfahrungen hat,

heißt es noch lange nicht, dass er in der Lage ist, diese Erfahrungen auch für neue Ideen zu nutzen. In Analogien zu denken heißt, verschiedene Lösungsansätze aus verschiedenen Bereichen im Kopf zu haben UND in der Lage zu sein, diese auf ein Problem zu übertragen. Letzteres ist das, was vielen Menschen Schwierigkeiten bereitet, weshalb die Fähigkeit zum Analogiedenken zu den wichtigsten kreativen Fähigkeiten zählt.

Bewerten Sie die Aussagen auf einer Skala von 1 bis 4: **1** bedeutet „**Nein**", **2** bedeutet „**Eher nein**", **3** bedeutet „**Eher ja**", **4** bedeutet „**Ja**".

	Nein (1 Punkt)	Eher nein (2 Punkte)	Eher ja (3 Punkte)	Ja (4 Punkte)
Der Mitarbeiter ist ein Ideenschwamm. Er saugt Anregungen und Ideen von woanders förmlich auf, behält sie im Kopf und spuckt sie bei passender Gelegenheit wieder aus.				
Ein typischer Satz lautet: „Ich überlege gerade, wie man das übertragen kann."				
Der Mitarbeiter hat Spaß daran, nach ungewöhnlichen Lösungsansätzen zu suchen und freut sich, wenn er etwas Ungewohntes entdeckt hat.				
Der Mitarbeiter verfügt über Erfahrungen aus anderen Branchen, die er häufiger einmal auf unsere Branche beziehungsweise unser Unternehmen überträgt.				

	Nein (1 Punkt)	Eher nein (2 Punkte)	Eher ja (3 Punkte)	Ja (4 Punkte)
Der Mitarbeiter hat vielfältige private Interessen, aus denen er häufig Inspirationen zieht.				

Möglicherweise werden Sie am Anfang Schwierigkeiten haben, all diese Fragen zu beantworten. Die Fähigkeit, Analogien zu bilden und verschiedenste Puzzleteile des Lebens miteinander zu verknüpfen, findet sich in den meisten Stellenbeschreibungen nicht. Und es erfordert, sich auch in die privaten Interessen der Teammitglieder einzuarbeiten. Nehmen Sie sich die Zeit, Ihre Mitarbeiter auch von dieser Seite her besser kennenzulernen.

Auswertung

Null bis fünf Punkte

Der Horizont dieses Mitarbeiters ist momentan offenbar sehr eng. Das heißt nicht, dass er seine Arbeit nicht gut macht. Im Gegenteil, möglicherweise ist er ein hoch qualifizierter Experte und exzellent auf seinem Gebiet, nur reicht der Horizont dieses Mitarbeiters offenbar nicht besonders weit darüber hinaus. Für die Erfüllung von Routineaufgaben ist das nicht immer wichtig, für Ideenentwicklung jedoch fundamental. Heißt das, dass dieser Mitarbeiter im Ideenfindungsprozess keine guten Ergebnisse bringen kann? Nein, aber Sie müssen unbedingt darauf achten, dass Projektteams zur Ideenentwicklung nicht nur mit solchen Mitarbeitern besetzt sind. Sie brauchen den Weitblick, Sie brauchen die Inspiration, Sie brauchen Lösungen aus anderen Bereichen. Ansonsten werden Sie immer wieder bei den gleichen Ideen landen.

Sechs bis zehn Punkte

Alleine wird dieser Mitarbeiter wahrscheinlich nur auf wenige ungewöhnliche Lösungen und Lösungswege stoßen, aber das Potenzial ist vorhanden. Was es in einer Gruppe häufig braucht, ist ein sogenannter Katalysator, jemanden, der es schafft, die verschiedenen Erfahrungshintergründe der Gruppenmitglieder herauszulocken. Gemeinsam mit einem Katalysator in der Gruppe könnte dieser Mitarbeiter sehr produktiv im Bereich der Ideengenerierung sein. Schauen Sie sich genau an, in welchen Bereichen dieser Mitarbeiter über ungewöhnliche Erfahrungen und Interessen verfügt. Fordern Sie diesen Mitarbeiter heraus, geben Sie ihm eine Rechercheaufgabe und sagen Sie ihm, dass er nach ungewöhnlichen Lösungen suchen soll. Vielleicht macht es ihm Spaß, dann waren Sie der Katalysator.

Elf bis fünfzehn Punkte

Ein Mitarbeiter, der sich offensichtlich für eine Vielzahl von Dingen weit außerhalb seines eigenen Tätigkeitsbereichs interessiert. Glückwunsch! Wenn Sie von diesem Mitarbeitertyp zwei bis drei in Ihrem Team haben, verfügen Sie über ein gewaltiges kreatives Potenzial, das Sie bei der Suche nach neuen Ideen nutzen können. Nutzen Sie es, ermutigen Sie Teammitglieder, nach ungewöhnlichen Lösungen zu suchen oder Erfahrungen aus anderen Bereichen zu übertragen.

Sechzehn bis zwanzig Punkte

Dieser Mitarbeiter ist offenbar das, was man früher einen Universalgelehrten nannte. Fit in vielen Bereichen, neugierig auf alles und immer dabei, wenn es irgendwo etwas aufzusaugen gilt. Das ist übrigens ein Kennzeichen vieler hochkreativer Menschen; sie suchen nach Lösungen in Bereichen, in denen andere nicht suchen würden, die Grenzen zwischen verschiedenen Fachbereichen sind für sie fließend. Sie sind neugierig darauf, etwas Neues zu erfahren. Nutzen Sie diesen Mitarbeiter als Inspirationssprudel in Ihren Meetings. Oder aber, wenn es ein etwas stillerer Typ ist, bitten Sie ihn einfach um eine schriftliche Einschätzung oder einen schriftlichen Bericht, wo seiner Meinung nach ungewöhnliche Lösungen liegen könnten. Gerade diese Vielseitigkeit zeichnet diesen Mitarbeiter aus. Das ist ein richtiger Gewinn! Vieles von dem, was dieser Mitarbeiter täglich lernt, mag für seinen eigentlichen Beruf nicht wirklich wichtig sein, für die Ideenfindung jedoch ist es ein Glücksfall, dass Sie diesen Mitarbeiter in Ihrem Team haben.

5.4 Spannung erzeugen – Die Geburt des Geistesblitzes

„Für eine gute Idee brauchst Du vor allem eines: Viele Ideen."

Thomas Alva Edison

Aus einer neuen Fragestellung und einer neuen Inspiration entsteht eine neue Idee. Die Technik, die Thomas Edison dabei benutzte, nennt man kaleidoskopisches Denken. Wie in einem Kaleidoskop nahm er Bestehendes, fügte neue Inspirationen hinzu und schuf daraus Neues. So erschuf er beispielsweise den Phonographen, die erste Sprechmaschine, mit der man die menschliche Stimme auf eine Rolle aufnehmen konnte. Im Kern war die Idee zum Phonographen ein verändertes Telegrafiegerät, bei dem eine Rolle mit Wachs überzogen wurde. Dazu nahm sich Edison Anregungen von der Entwicklung des Telefonmikrofons, an dem er ebenfalls gerade arbeitete. Inspirationen – wie im letzten Schritt – zu sammeln und zu übertragen, ist eine Sache. Daraus konkrete neue Ideen zu entwickeln, eine andere. Egal, wie viele unterschiedliche Fragestellungen Sie aufwerfen, egal, wie viele Inspirationen Sie an Ihr Team heranlassen, irgendwann kommt der Moment, an dem daraus jemand eine Idee formulieren und sie auf den Punkt bringen muss. Für viele hat die Geburt einer Idee etwas Magisches an sich, für andere ist es normales Handwerk. Es gibt Menschen, denen es leichter fällt, neue Ideen zu generieren, das heißt, Wissen aus verschiedenen Gebieten miteinander zu vernetzen und daraus etwas Neues zu machen. Es sind diese Ideenmaschinen, die scheinbar auf Knopfdruck neue Ideen hervorsprudeln, Dinge miteinander verbinden, die scheinbar nichts miteinander zu tun haben, und die offenbar mühelos von einer Idee zur anderen hüpfen. Diese Menschen, die scheinbar mühelos jede Inspiration nutzen und daraus im Bruchteil einer Sekunde neue Ideen generieren können, sind ein wertvoller Gewinn für jedes Team.

Qualitäten, die für diesen Schritt benötigt werden

Welche Fähigkeiten sind es, die jemanden zum Ideensprudel machen? Der Autor Frans Johansson beschreibt in seinem Buch „The Medici Effect" etwas, was man „niedrige assoziative Barrieren" nennt. Normalerweise sind die Bereiche unseres Gehirns in feste Schubladen eingeteilt. Das ist vorteilhaft, ermöglicht es uns doch in vielen alltäglichen Situationen eine Schublade zu öffnen und die passende Lösung herauszuziehen. Menschen mit hohen assoziativen Barrieren haben für fast jede Situation bewährte Lösungskonzepte im Kopf. Es sind häufig die schnellen Entscheider, die in der Lage sind, aufgrund vergangener Erfahrungen schnell und präzise zu Lösungen zu kommen und Entscheidungen zu treffen.

Bei Menschen mit niedrigen assoziativen Barrieren sind mehrere Schubladen gleichzeitig geöffnet. Sie vermischen mühelos Wissensgebiete, die eigentlich nichts miteinander zu tun haben, und generieren daraus eine Vielzahl neuer Ideen. Das Problem dieser Mitarbeiter besteht häufig darin, dass sie zu viele Ideen haben. Manchmal nerven sie damit sogar. Viele der Ideen, die sie im täglichen Geschäft von sich geben, erweisen sich später als unbrauchbar. Doch das sollte Sie nicht stören. Besser Sie streichen eine schlechte Idee von der Liste, als eine gute Idee gar nicht erst zu bekommen.

Checkliste

Bewerten Sie die Aussagen auf einer Skala von 1 bis 4: **1** bedeutet **„Nein"**, **2** bedeutet **„Eher nein"**, **3** bedeutet **„Eher ja"**, **4** bedeutet **„Ja"**.

	Nein (1 Punkt)	Eher nein (2 Punkte)	Eher ja (3 Punkte)	Ja (4 Punkte)
Der Mitarbeiter sprudelt geradezu vor Ideen, man muss ihn fast stoppen.				
Der Mitarbeiter greift häufig Gedanken auf, die im Raum herumfliegen, und formuliert daraus konkrete Ideen.				
Der Mitarbeiter hat viele Ideen, die andere als spinnerhaft oder verrückt bezeichnen.				
Manchmal sind es halb fertige Gedanken oder Satzfragmente, die ich von meinem Mitarbeiter bekomme.				
Der Mitarbeiter hat sichtlich Spaß daran, neue Ideen zu generieren.				

Auswertung

Null bis fünf Punkte

Es fällt nicht jedem leicht, neue Ideen zu generieren. Das liegt an den assoziativen Barrieren, die Sie gerade kennengelernt haben. Manchmal sind es aber auch rhetorische Barrieren: Mitarbeiter, die sich beispielsweise in Meetings vor anderen ungern äußern. Probieren Sie verschiedene Wege aus, um Ihren Mitarbeiter dazu zu bringen, neue Ideen zu formulieren. Sollten Sie bei allen Ihren Teammitgliedern auf Werte zwischen null und fünf kommen, könnte es natürlich sein, dass Sie irgendwann im Ideenvakuum enden.

Sechs bis zehn Punkte

Irgendetwas schlummert da, aber es will nicht so richtig heraus. Liegt es daran, dass der Mitarbeiter introvertiert ist, möglicherweise viele Ideen hat, sie aber nicht äußert? Überlegen Sie, wie Sie aus diesem Mitarbeiter möglicherweise noch mehr Ideen herausholen könnten. Manchmal genügt es, den Mitarbeiter zu ermutigen, manchmal hilft es, eine konkrete Aufgabe zu vergeben, manchmal braucht jemand die richtige Umgebung, d.h. Kollegen, die ihn inspirieren.

Elf bis fünfzehn Punkte

Binden Sie diesen Mitarbeiter schwerpunktmäßig immer dann ein, wenn es darum geht, harte Nüsse zu knacken oder Ideen zu generieren. Dieser Mitarbeiter kann Ihre Arbeitsgruppen bereichern. Es ist dabei nicht wirklich wichtig, ob Fachwissen vorhanden ist. Gerade Kreative sind oft in der Lage, sich schnell in eine neue Materie einzuarbeiten. Sie kennen sich dann zwar nur oberflächlich aus, aber genau das hilft ihnen dabei, unbefangen auf neue Ideen zu kommen.

Sechzehn bis zwanzig Punkte

Hier haben Sie es mit einem wahren Ideensprudel zu tun! Nutzen Sie diesen Mitarbeiter und sein Talent zur Ideengenerierung, auch bei Projekten, die eigentlich nichts mit seiner Aufgabe zu tun haben. Aber Achtung – diese Person könnte möglicherweise nicht die beste sein, wenn es darum geht, die Ideen auch zu betreuen. Gerade den sprunghaften Kreativen, die bei der Ideenfindung wertvoll sind, fällt es schwer, sich später auf die Aufgaben zu konzentrieren und Projekte voranzutreiben. Dafür brauchen Sie möglicherweise andere Charaktere, die Sie im nächsten Schritt kennenlernen werden.

5.5 Ordnen und Optimieren – Die Stunde der Tüftler

„Wenn ich mich entschieden habe, dass es das Ergebnis wert ist, führe ich einen Versuch nach dem anderen durch, bis das Ergebnis da ist."

Thomas Alva Edison

„Geht nicht!" „Wird nie funktionieren!" „Unmöglich!"
Das sind normale Reaktionen, wenn es um die Umsetzung einer Idee geht. Sofort fallen uns tausend Hindernisse ein, die dem Erfolg im Weg stehen: Das richtige Material ist nicht vorhanden oder viel zu teuer, an der Idee sind schon ganz andere gescheitert, dafür gibt es keine praktikable Lösung. Thomas Edison liebte diesen Moment. Gerade wenn alle anderen sagten, dass es unmöglich sei, begann er, sich mit vollem Eifer an die Entwicklung eines neuen Geräts zu setzen. Edison führte einen Versuch nach dem anderen durch. Bei der Glühbirne waren es 9.000 Versuche, bei der Erfindung des Akkus ungefähr 20.000, bis das Ergebnis ihn überzeugte. Seine Philosophie: *„Der sicherste Weg zum Erfolg ist, es noch einmal zu versuchen."* Und wenn er wieder mal „gescheitert" war, weil eine ganze Versuchsserie keine neuen Ergebnisse gebracht hatte, verbuchte er es für sich als Erfolg: *„Wir kennen jetzt 1.000 Wege, wie man keine Glühbirne baut"*, sagte er einem Mitarbeiter, der ihn nach 1.000 Glühbirnenversuchen fragte, ob er nicht aufgeben wolle.

Qualitäten, die Sie für diesen Schritt brauchen

Wer nach dem dritten Versuch aufgibt, hat schon verloren. Zum Optimieren Ihrer Ideen, also für das Feilen an der Perfektion, brauchen Sie den typischen Tüftler. Jemanden, der nicht einfach ein neues Getränk herstellt, sondern der nacheinander ungefähr zwanzig verschiedene Geschmacksrichtungen, fünfzehn verschiedene Flaschendesigns und fünfundzwanzig verschiedene Namen immer wieder miteinander kombiniert, bis das Ergebnis gefällt. Jemanden, der nach dem ersten Akzeptanztest durch Kunden nicht gleich sagt: „Habe ich ja gleich gewusst, dass es nicht funktioniert", sondern der voller Tatkraft nach vorne blickt und sagt: „Na gut, dann probieren wir eben eine andere Version."

Die Tüftler, die Sie in diesem Schritt brauchen, sind mitunter nicht die großen Visionäre. Und die großen Visionäre sind mitunter schlechte Tüftler. Es liegt in der Natur der Sache. Für große Visionen und viele Ideen brauchen Sie einen Kopf, der scheinbar mühelos von einem Thema zum anderen springt, der in kürzester Zeit zur kreativen Hochform aufläuft und der die technische Machbarkeit im Moment der Ideenfindung einfach mal ignoriert. Zum Tüfteln wiederum brauchen Sie einen Charakter, der sich für mehrere Monate komplett darauf konzentrieren kann, eine Versuchsreihe nach der anderen durchzuführen, der über eine extrem hohe Frustrations-toleranz verfügt und der stundenlang über kleinste Details philosophieren kann. Übrigens hatte auch Thomas Edison einen erkennbaren Schwer-punkt: Das Tüfteln, also die scheinbar endlose Folge von Experimenten mit immer wieder leicht veränderten Bedingungen überließ er meistens seinen engsten Mitarbeitern. Er selbst zog sich zurück, suchte nach neuen Lösungswegen, neuen Inspirationen und entwickelte neue Ideen.

Checkliste
Wie viel Tüftlerpotenzial steckt in Ihrem Mitarbeiter? Der nachfolgende Test zeigt es Ihnen.

Bewerten Sie die Aussagen auf einer Skala von 1 bis 4: **1** bedeutet **„Nein"**, **2** bedeutet **„Eher nein"**, **3** bedeutet **„Eher ja"**, **4** bedeutet **„Ja"**.

	Nein (1 Punkt)	Eher nein (2 Punkte)	Eher ja (3 Punkte)	Ja (4 Punkte)
Wenn jemand sagt: „Das ist unmöglich", kommt von diesem Mitarbeiter sofort die Gegenfrage: „Warum, wer sagt das?" und „Kann man es nicht trotzdem probieren?"				
Dieser Mitarbeiter kann sich so richtig in eine Sache vertiefen und feilen und feilen, bis das Optimum erreicht ist.				
Bei der Entwicklung von Konzepten geht der Mitarbeiter oft auch ungewöhnliche Denkwege und holt sich Anregungen von anderen oder von außen, um die Lösung voranzutreiben.				
Der Mitarbeiter verfügt über eine hohe Frustrationstoleranz. Es muss schon sehr viel passieren, um ihn aus der Ruhe zu bringen.				
Wenn es darum geht, eine harte Nuss zu knacken, legt der Mitarbeiter einen großen Ehrgeiz an den Tag.				

Testauswertung

Null bis fünf Punkte

Definitiv nicht die richtige Person für die Phase der Konzeptoptimierung. Von diesem Mitarbeiter können Sie drei Konzeptansätze erwarten, aber nicht 30 oder gar 300. Vielleicht interessieren ihn die Themen nicht genug. Kreative – und ganz besonders die Tüftler – werden von innerer Leidenschaft angetrieben. Im Buchabschnitt über intrinsische Motivation erfahren Sie dazu mehr.

Sechs bis zehn Punkte

Nicht wirklich nobelpreisverdächtig, aber für die Kreisklasse bei Jugend forscht könnte es genügen. Sie haben in diesem Mitarbeiter nicht die Person, die leidenschaftlich Konzepte bis zum Optimum entwickelt, aber schon etwas mehr als jemand, der diesen Antrieb gar nicht in sich verspürt. Wenn Sie diesen Mitarbeiter an die Entwicklung und Optimierung von Konzepten setzen, betreuen Sie ihn.

Elf bis fünfzehn Punkte

Dieser Mitarbeiter hat Edison'sche Qualitäten. Sie sind offenbar nicht wirklich ausgereift, sicherlich gibt es Themengebiete, in denen diese Qualitäten ausgeprägter zum Vorschein kommen, und andere, in denen Sie sie fast nicht bemerken, aber für diese Phase der Ideenentwicklung haben Sie einen guten Kandidaten.

Sechzehn bis zwanzig Punkte

Schon fast ein kleiner Edison! Da die Konzeptentwicklung eine der wichtigsten Phasen des kreativen Prozesses ist, spielt dieser Mitarbeiter eine wichtige Rolle. Haben Sie trotzdem gelegentlich ein Auge auf diesen Mitarbeiter, damit er sich nicht an Projekten festbeißt, die man eigentlich aufgeben müsste.

5.6 Nutzen optimieren – Der Blick auf das große Ganze

„Ich bin es leid, die ganze Arbeit zu machen und dafür praktisch nichts zu bekommen."

Thomas Alva Edison

Wenn man von Thomas Edison als dem Erfinder der Glühbirne spricht, ist das eigentlich verkehrt. Erste Entwürfe für die Glühbirne gab es schon lange vor Edison. Schon 1848 hat ein deutscher Auswanderer, Heinrich Göbel aus dem niedersächsischen Ort Springe, aus alten Kölnisch Wasser-Flaschen und Glühdrähten etwas gebaut, das der späteren Glühbirne ähnelte. Und der eigentliche Vorläufer der Glühbirne, die sogenannte „De-la-Rue-Lampe", wird von Historikern auf das Jahr 1820 zurückdatiert. Leider sind Herkunft und Erfinder dieser Glühlampe, bei der ein Platinfaden unter einer Glasglocke zum Leuchten gebracht wurde, unbekannt. Als sich Edison 1878 an die Entwicklung der Glühbirne machte, war er nicht alleine: Knapp 20 Forscherteams arbeiteten um die Wette.

Die eigentliche historische Leistung von Thomas Edison besteht darin, dass er das System des elektrischen Lichts erfand. Im Gegensatz zu vielen anderen, die stets nur daran arbeiteten, die Glühbirne zu perfektionieren, wollte Edison von vornherein mehr. Er erkannte, dass sich Glühbirnen nur in einem System aus Leitungen, Stromzählern, Sicherungen, Generatoren und den dazugehörigen Glühbirnenfabriken verkaufen ließen. Und so entwickelte er vom ersten Moment an das gesamte System des elektrischen Lichts. Die Glühbirne war nur ein Teil davon.

Qualitäten, die man für diesen Schritt braucht

Um wirklich in großen Zusammenhängen denken zu können, benötigen Sie eine Qualität, die man als systemisches und vernetztes Denken bezeichnet, den Blick für das große Ganze. Vielen Menschen fehlt diese Art des Denkens: Sie diskutieren leidenschaftlich, ob die Technik, das Design oder die Werbestrategie das Wichtigste für den Erfolg ist. Dabei ist es mit hoher Wahrscheinlichkeit erst die gelungene Kombination aus diesen drei Faktoren. Ohne cleveres Marketing ist das beste Produkt wertlos, aber das beste Marketing hilft nichts, wenn das Produkt nichts taugt. Denken in großen Systemen ist etwas, was visionäre Manager häufig auszeichnet. So hat Steve Jobs nicht nur einen neuen MP3-Player erfunden, als er den iPod auf den Markt brachte, sondern ein Gesamtsystem aus Gerät, Design, Lebensgefühl, einem Musik-Downloadportal und der dazugehörigen Software.

Checkliste

Hat Ihr Mitarbeiter die Fähigkeit, in zusammenhängenden Systemen zu denken? Der nachfolgende Test zeigt es Ihnen. Bewerten Sie die Aussagen auf einer Skala von 1 bis 4: **1** bedeutet **„Nein"**, **2** bedeutet **„Eher nein"**, **3** bedeutet **„Eher ja"**, **4** bedeutet **„Ja"**.

	Nein (1 Punkt)	Eher nein (2 Punkte)	Eher ja (3 Punkte)	Ja (4 Punkte)
Wenn man dem Mitarbeiter eine Idee präsentiert, überlegt er sofort, auf wie vielen verschiedenen Wegen man ihr zum Erfolg verhelfen könnte.				
Der Mitarbeiter erkennt schnell, was noch fehlt, damit eine Idee Erfolg hat. Seine Kritik trifft oft den Kern.				

	Nein (1 Punkt)	Eher nein (2 Punkte)	Eher ja (3 Punkte)	Ja (4 Punkte)
Der Mitarbeiter ist ein klassischer interdisziplinärer Denker, der das Know-how aus vielen Abteilungen anzapft und nutzt.				
Der Mitarbeiter sagt beispielsweise: „Lass uns die Idee doch noch einmal in einem anderen Umfeld ausprobieren."				
Wenn das Konzept auf Hindernisse stößt, sagt dieser Mitarbeiter: „Na, dann müssen wir eben neue Wege finden."				

Testauswertung

Null bis fünf Punkte

Das Denken ist eher auf die Sache und eine konkrete Problemstellung beschränkt. Das große Ganze sieht dieser Mitarbeiter nicht. Das ist nicht schlimm, gerade Tüftler oder diejenigen, die Probleme erkennen, brauchen den Blick fürs große Ganze gar nicht. Achten Sie nur darauf, dass Sie nicht zu viele kleinteilige Denker in Ihrem Team haben, sonst könnte möglicherweise die erfolgreiche Umsetzung später daran scheitern, dass Ihr Team das Umfeld nicht beachtet.

Sechs bis zehn Punkte

Dieser Mitarbeiter denkt schon etwas offener, Sie können Anzeichen von systemischem Denken erkennen. Allerdings ist es nicht so ausgeprägt, dass dieser Mitarbeiter momentan eine nennenswerte Rolle – beispielsweise bei der Entwicklung von Geschäftsmodellen – spielen könnte. Das kann übrigens auch mit den persönlichen Erfahrungen zusammenhängen. Vielleicht hat der Mitarbeiter das Potenzial zum systemischen Denken in sich, ist jedoch bislang mit anderen Bereichen nicht wirklich in Berührung gekommen. Welcher Software-Programmierer hat schon einmal ein Geschäftsmodell entwickelt?

Elf bis fünfzehn Punkte
Bei diesem Mitarbeiter sind deutliche Anzeichen von systemischem Denken erkennbar. Auch dieser Mitarbeiter würde wahrscheinlich nicht nur die Glühbirne erfinden, sondern darüber hinaus denken. Aber wie weit? Geben Sie ihm konkrete Entwicklungsaufgaben und fördern Sie diese Denkweise. Unterstützen Sie Ihren Mitarbeiter dabei, im großen Ganzen zu denken, indem Sie immer wieder Fragen stellen: „Ist das die einzige Art, wie man das Produkt in den Markt einführen könnte?", „Könnte man sich noch einen anderen Vertriebsweg vorstellen?", „Welche Möglichkeiten gibt es noch, die Entwicklung zu finanzieren?"

Sechzehn bis zwanzig Punkte
Dieser Mitarbeiter denkt an das große Ganze. Wenn es darum geht, Strategien zu entwickeln, wie die Idee Ihnen maximalen Nutzen stiften kann, ist dieser Mitarbeiter der richtige. Achten Sie aber darauf, dass das notwendige Fachwissen vorhanden ist. Ansonsten kann es Ihnen passieren, dass Sie hochkomplex und vernetzt in die falsche Richtung denken. Übrigens: Mitarbeiter, die das große Ganze sehen, sind häufig nicht die besten Tüftler, das ist ihnen zu kleinteilig. Wenn Sie diese Anzeichen bei Ihrem Mitarbeiter bemerken: Quälen Sie ihn nicht mit zu vielen Details.

Fazit

Ich hoffe, dass ich Ihnen einen guten Überblick darüber geben konnte, welche kreativen Fähigkeiten bei der strategischen Ideenentwicklung wichtig sind. Wie ausgewogen sind diese Fähigkeiten in Ihrem Team verteilt? Die folgende Matrix verrät es Ihnen. In die oberen Spalten schreiben Sie die Namen Ihrer Mitarbeiter.

Wenn eine Fähigkeit bei einem Mitarbeiter sehr stark ausgeprägt war (er also sechzehn bis zwanzig Punkte erzielt hat), machen Sie in dem entsprechenden Feld zwei grüne Pluszeichen. War sie ausgeprägt (elf bis fünfzehn Punkte), machen Sie ein grünes Plus. War diese Eigenschaft eher weniger ausgeprägt, machen Sie ein rotes Minus, war sie ganz und gar nicht ausgeprägt, machen Sie zwei rote Minuszeichen in das entsprechende Feld unter dem Namen.

Eigenschaften	Edgar	Stefan	Anna	Pia
Problemsensitivität (Erfolgschancen erkennen)				
Fragen neu formulieren (Denkautobahn verlassen)				
Denken in Analogien (Inspirationen suchen)				
Ideen finden und auf den Punkt bringen (Spannung erzeugen)				
Tüfteln bis zum Optimum (Ordnen und optimieren)				
Systemisches Denken (Nutzen maximieren)				

Sie haben jetzt einen guten Überblick darüber, welche Qualitäten in Ihrem Team wie verteilt sind. Vielleicht stellen Sie fest, dass Sie sehr viele Tüftler im Team haben, aber wenige, die in der Lage sind, Probleme zu erkennen, Ideen auf den Punkt zu bringen und an das große Ganze zu denken. Oder Sie haben ein Team voller Visionäre, von denen aber leider niemand die Geduld aufbringt, Konzepte bis zum bitteren Ende zu entwickeln. Auf

Jeden Fall sehen Sie sehr deutlich, in welchen Bereichen Ihr Team Stärken, aber auch Lücken hat. Sie können jetzt diese Lücken bei der Ideenentwicklung durch externe Teilnehmer oder Mitarbeiter aus anderen Bereichen ausgleichen oder bei der nächsten Stellenausschreibung nach einem entsprechenden Profil suchen.

6.
Katalysatorische Führung

Vielleicht haben Sie es auch schon einmal bei sich selbst erlebt: In einem Umfeld sprühen Sie vor Ideen, in einem anderen kommt es Ihnen so vor, als hätten Sie Ihr kreatives Denkvermögen an der Garderobe abgegeben. In Gegenwart eines bestimmen Vorgesetzten fühlen Sie sich wohl, ja sogar ermutigt, neu und anders zu denken. In Gegenwart eines anderen passen Sie auf, nichts verkehrt zu machen. Ideen? Daran ist nicht einmal ansatzweise zu denken. Ich bin sicher, dass Sie aus Ihrem Beruf, aus Ihrer Schulzeit und aus Ihrem Privatleben dutzende von Situationen kennen, in denen Sie mal mehr und mal weniger kreativ waren.

Mit der Tatsache, dass das Umfeld eines Menschen stark über seine kreativen Leistungen entscheidet, setzt sich die Kreativitätsforschung erst seit wenigen Jahren tiefgreifend auseinander. Früher beschäftigte sich die Wissenschaft vor allem mit der Frage, was kreative Persönlichkeiten ausmacht und wie sich kreative Menschen von der Mehrzahl der Menschen unterscheiden. Dieser traditionelle Ansatz ist mittlerweile fast 60 Jahre alt. Er wurde stark durch den amerikanischen Persönlichkeits- und Intelligenzforscher Joy Paul Guilford geprägt, der das Modell des divergenten Denkens entwickelte. Im Gegensatz zum konvergenten Denken, das für ein Problem eine Lösung vorsieht, ging Guilford davon aus, das es für Probleme mehrere alternative Lösungswege gibt. Diese Lösungswege zu finden und zu beschreiten war für Guilford die zentrale Grundvoraussetzung für Kreativität. In den Folgejahren wurden zahlreiche Studien durchgeführt, in denen die Eigenschaften besonders kreativer Menschen herausgestellt wurden. Würde man diese Richtung der Kreativitätsforschung logisch zu Ende denken, hätten Sie als Manager im Kern nur wenige Möglichkeiten, die kreativen Leistungen Ihrer Mitarbeiter zu beeinflussen. Sie wären entweder kreativ oder nicht. Der einzige logische Einfluss bestünde darin, kreative Mitarbeiter zu finden, ihr Potenzial zu nutzen und sie an das Unternehmen zu binden. Für Führungskräfte, die nach Wegen suchen, das kreative Potenzial der eigenen Mitarbeiter zu nutzen, wäre das eine frustrierende Aussage.

Sie merken, dass ich im Konjunktiv schreibe. Denn die Kreativitätsforschung ist mittlerweile weiter. Noch Anfang der Neunzigerjahre schrieben die US-Wissenschaftler Richard W. Woodman, John E. Sawyer und Ricky W. Griffin in der Zeitschrift „Academy of Management Review": *„Das Konzept einer organisatorischen Kreativität ist ein relativ unerforschtes Gebiet im Bereich der Organisationsveränderung und Innovation."* Inzwischen hat sich eine eigene Forschungsrichtung in der Wissenschaft etabliert. So kommt Teresa Amabile von der Harvard-Universität nach mehreren Jahren intensiver Forschungsarbeit zu dem Schluss: *„Der zeitgemäße Ansatz der Kreativitätsforschung geht davon aus, dass alle Menschen mit normalen Fähigkeiten in der Lage sind, zumindest in manchen Gebieten und zu manchen Zeiten moderate kreative Arbeit zu leisten, und dass die soziale Umgebung sowohl den Grad als auch die Häufigkeit von kreativem Verhalten beeinflussen kann."*

Als Manager können Sie durch Ihren Führungsstil Ideen verhindern oder aber wie ein Katalysator für neue Ideen wirken. Sie sind in der Lage, das entsprechende Umfeld zu schaffen, in dem Ihre Mitarbeiter ihr kreatives

Potenzial voll ausschöpfen können. Sie konnen kreative Prozesse steuern, indem Sie Menschen miteinander vernetzen, die gemeinsam kreative Ergebnisse erzielen, zu denen jeder Einzelne alleine nicht in der Lage wäre. Mehr noch: Sie können Mitarbeiter zu kreativen neuen Denkwegen ermutigen, die diese alleine niemals beschreiten würden. In einer US-Studie untersuchten die Wissenschaftler Rajesh Sethi, Daniel C. Smith und C. Whan Park 141 Manager, die wichtige Projekte für neue Produkte in verschiedenen Bereichen der Consumer Industries geleitet haben. *„Wir haben herausgefunden, dass das Management bei der Förderung der Innovation von Teams eine wichtige Rolle spielt. In unserer Studie kamen Teams, die von ihrem Management dazu ermutigt wurden, kühn zu sein, mit den innovativsten Produkten hervor.“*

Dieses Kapitel soll Sie dafür sensibilisieren, welchen Einfluss Sie auf die Kreativität Ihrer Mitarbeiter haben. Sie erfahren, welche Führungsmethoden Sie anwenden können, um kreative Denkprozesse bei Ihren Mitarbeitern zu initiieren, zu fördern und zu lenken.

6.1 Intrinsische Motivation – Der beste Freund des Managers

Wie bekommen Sie einen Fünfjährigen dazu, sein Zimmer aufzuräumen? Für den Fall, dass Sie keinen Fünfjährigen zu Hause haben: An der Zahl der Ausreden, warum es jetzt unter keinen Umständen möglich ist, das Zimmer aufzuräumen, können Sie leicht das kreative Potenzial eines Kindes erkennen. „Meine Teddybären lenken mich ab.“ „Ich kriege diese Lego-Konstruktion nie wieder so aufgebaut.“ Wenn Sie nachfragen, was an dem chaotischen Haufen von Legosteinen denn bitteschön eine Konstruktion sein soll, bekommen Sie die Antwort: „Das ist ein Haus nach einem Vulkanausbruch.“ Sehr beliebt ist auch die Ausrede: „Ich würde ja gerne das Zimmer aufräumen, aber mein Körper sagt mir, dass ich jetzt spielen muss." Sie haben also die Wahl: Ihr Kind irgendwie dazu zu bringen, das Zimmer aufzuräumen oder solange zu warten, bis Sie irgendwann den örtlichen Bauunternehmer mit der Generalsanierung des Zimmers beauftragen müssen.

Im Wesentlichen gibt es zwei Arten, ein Kind zum Aufräumen zu motivieren: Zuckerbrot oder Peitsche. Mit säuselndem Tonfall sagen Sie: „Wenn du jetzt aufräumst, bekommst du nachher ein Eis." Oder Sie setzen Ihr böses Gesicht auf, gucken sehr ernst und sagen: „Wenn du nicht aufräumst, gibt es kein Eis für die nächsten fünf Tage." Eines von beidem funktioniert meistens. Was haben Sie getan? Sie haben Bedingungen gesetzt, die die Motivation des Kleinen deutlich gesteigert haben. Diese Bedingungen kamen von außen, sie waren also extrinsisch.

Dieses Kinderzimmerdenken ist tief verwurzelt und Grundlage vieler effektiver Prozessabläufe. Wenn ein Mitarbeiter in der Qualitätskontrolle fest definierte Standards nicht erfüllt, wird er ausgetauscht. Das Gleiche gilt für einen Manager, der seine Ziele nicht erreicht. Übertrifft er die Ziele, gibt es eine Prämie. Im Kern ist es das Gleiche wie: „Ich nehme dir dein Eis weg" oder „Du bekommst ein besonders großes". Bis zu einem gewissen Grad funktioniert extrinsische Motivation ausgesprochen gut.

Doch es gibt einen stärkeren Verbündeten, wenn es darum geht, neue Ideen zu generieren: Intrinsische Motivation. Die bereits mehrfach zitierte amerikanische Wissenschaftlerin Teresa Amabile von der Harvard-Universität hat in den vergangenen 30 Jahren unzählige Studien zur Kreativität in Unternehmen durchgeführt. Das Ergebnis ihrer Forschungen ist eindeutig: Die Qualität von kreativen Denkprozessen und die Ideen, die daraus hervorgehen, sind bedeutend besser, wenn Mitarbeiter intrinsisch motiviert sind, das heißt, das Feld ihrer kreativen Leidenschaft gefunden haben und das tun, woran sie wirklich Spaß haben. Spaß und Leidenschaft lassen sich nicht anordnen.

Intrinsische Motivation ist der Grund dafür, dass sich erwachsene Politiker stundenlang mit ihrer Spielzeugeisenbahn beschäftigen. Es ist der Grund, warum Internetnutzer freiwillig an fremden Softwareprojekten mitarbeiten oder die Verantwortung für die Pflege von Wikipedia übernehmen. Niemand befiehlt es ihnen und niemand kontrolliert sie. Auch Thomas Edison war intrinsisch motiviert, sonst hätten er und seine Mitarbeiter niemals 9.000 Versuche machen können, bis die Glühbirne brannte. Man braucht schon ein hohes Maß an Selbstmotivation, um nicht nach dem zwanzigsten Versuch frustriert aufzugeben.

Intrinsische Motivation nutzen oder bestrafen?

Nehmen wir an, einer Ihrer Mitarbeiter aus dem Bereich der technischen Kundenbetreuung programmiert in seiner Freizeit sogenannte Open Source-Software. Was bedeutet das? Bei Ihnen im Unternehmen erfüllt er die Pflicht, von seinem kreativen Potenzial profitieren andere. Nehmen wir an, dieser Mitarbeiter erscheint regelmäßig morgens übermüdet zur Arbeit. Schließlich hat er bis frühmorgens an hochspannenden Softwareprojekten gesessen, von denen er sich einfach nicht lösen konnte. Wie reagieren Sie?

Möglichkeit 1: Sie verwarnen ihn und drohen mit Konsequenzen. Sein kreatives Potenzial solle er bitte künftig im Dienst des Unternehmens einsetzen, wenn es noch einmal vorkommt, dass er übermüdet zur Arbeit erscheint, hat dies dienstrechtliche Konsequenzen. Das klassische Kinderzimmerdenken: Wenn du dein Kinderzimmer nicht aufräumst, dann wirst du bestraft.

Möglichkeit 2: Sie überlegen, was Ihren Mitarbeiter dazu bewegt, nachts vor dem Computer komplexe Programmierungsprobleme zu lösen, welche Anerkennung er in der Community findet, die ihm das Unternehmen offenbar nicht gibt, und versuchen, sein Know-how in der Programmierung von Open Source-Software zu nutzen. Statt ihn zu maßregeln, zeigen Sie

Interesse an seiner Arbeit und fragen ihn über die Open Source-Community aus. Mit wem arbeitet er zusammen? Wie funktioniert Teamwork bei solchen Projekten? An welchen Projekten arbeitet er? Was ist der Vorteil von Open Source? Was ist die Philosophie dieser Bewegung? Sie bieten ihm an, einen Tag pro Woche künftig ein Pilotprojekt zu entwickeln, wie sich Open Source-Software bei Ihnen im Unternehmen einsetzen lässt.

Was glauben Sie? Welches Vorgehen wird Sie und Ihr Unternehmen am Ende mehr bereichern? Zugegeben, die zweite Variante klingt im ersten Moment merkwürdig. Heißt das, dass alle Mitarbeiter ihre persönliche Leidenschaft im Unternehmen ausleben können? Nein. Die wichtigste Frage ist: Kann Ihr Unternehmen von dieser Leidenschaft profitieren?

So wie der IT-Dienstleister eines großen deutschen Konzerns. Drei Mitarbeiter sind mit Leidenschaft dabei, das Thema „Web Analytics" – also die Möglichkeit, Besucherverläufe auf Webseiten auszuwerten – zu erschließen. Inzwischen ist daraus eine Dienstleistung entstanden. Der Vorteil für das Unternehmen liegt auf der Hand. Sie brauchen die Mitarbeiter nicht dazu antreiben, sich mit neuesten Entwicklungen und Technologien zu beschäftigen – das tun sie selbst. Es ist oft nicht notwendig, Testprojekte mit Kunden zu organisieren, das machen diese drei „Triebtäter" fast von alleine, weil sie ihre Ideen im Einsatz sehen wollen. Und Sie müssen die Mitarbeiter auch nicht zur Weiterbildung schicken. Das tun sie selbst, manchmal auch privat – schließlich ist es ihr Leidenschaftsthema.

Voraussetzungen für intrinsische Motivation

Intrinsische Motivation lässt sich nicht anordnen. Dann wäre sie nicht mehr intrinsisch. Selbst mit viel Geld und verlockenden Karriereaussichten würde ich Sie nicht dazu bekommen, sich für ein Thema zu begeistern, das Sie tief im Herzen langweilt. Für intrinsische Motivation sind mehrere Voraussetzungen erforderlich:

Spaß am Aufgabengebiet. Manche Themenfelder liegen Ihnen beziehungsweise Ihren Mitarbeitern mehr, andere weniger. Von der Möglichkeit, in einem Bereich zu arbeiten, der einen persönlich interessiert, geht eine tiefe persönliche Befriedigung aus.

Die konkrete Aufgabenstellung. Innerhalb eines bestimmten Bereichs reizen Sie manche Aufgaben mehr als andere. Positive Herausforderungen sind ein wichtiger Treiber. Wenn Sie beispielsweise im Marketing-Bereich tätig sind, haben Sie möglicherweise mehr Spaß an der innovativen Neukonzeption von Broschüren, der Entwicklung von Web-Seiten oder dem Aufbau von Communitys im Web 2.0. als an Routineaufgaben wie der jährlichen Aktualisierung des Hauptkatalogs.

Die Team-Zusammensetzung. Innerhalb von Projektteams kann das entstehen, was man den kreativen „Spirit" nennt. Eine Atmosphäre der Euphorie und der Begeisterung. Diese Euphorie und diese Begeisterung werden möglicherweise nicht bis zum Renteneintrittsalter anhalten, aber für einen gewissen Zeitraum kann sie Mitarbeiter enorm dazu motivieren, nach neuen kreativen Lösungen zu suchen.

Die Herangehensweise an die Aufgabe. Es gibt Mitarbeiter, die mögen strukturierte Projektpläne gerne, andere lieben das kreative Chaos. Die einen Mitarbeiter lesen gerne umfangreiche Analysen, die anderen müssen raus zum Kunden: Befragen, Fotografieren, Filmen, Erleben. Lassen Sie Ihren Mitarbeitern in dieser Hinsicht Freiheiten.

Definieren Sie gemeinsam die Ziele. Helfen Sie Ihren Mitarbeitern, beim Erreichen dieser Ziele so viel Spaß wie möglich zu haben. Ich verwende bewusst das Wort „Spaß". Als Thomas Edison am Ende seines Lebens auf seine Arbeit zurückblickte, beklagte er nicht die vielen gescheiterten Versuche, die Momente großer Frustration und die vielen Nächte im Labor, sondern er sagte einen Satz, der den gesamten Wert intrinsischer Motivation deutlich macht. Er sagte: *„Ich habe nicht eine Sekunde meines Lebens ge-*

arbeitet, es war alles Spaß." Schaffen Sie für Ihre Mitarbeiter ein Umfeld, das ambitionierte, mitunter sogar unerreichbare Ziele mit einem Maximum an Spaß kombiniert. Im Gegensatz zu einer weit verbreiteten Ansicht verwandeln Sie Ihr Unternehmen dabei nicht in eine „Spaßbude", sondern Sie verstehen es, die Leidenschaft Ihrer Mitarbeiter in Wettbewerbsvorteile und damit Profit zu verwandeln.

Das können Sie tun

Hier sind vier konkrete Maßnahmen, mit denen Sie die intrinsische Motivation Ihrer Mitarbeiter besser ausschöpfen können:

1. Verhängen Sie ein Projekt-Veto. Erlauben Sie es Ihren Mitarbeitern, ein Innovationsprojekt abzulehnen, wenn sie dafür nicht die notwendige Leidenschaft empfinden. Verändern Sie die Aufgabenstellung gemeinsam, vergeben Sie das Projekt neu oder hinterfragen Sie, ob das Projekt überhaupt sinnvoll ist. Natürlich gibt es Projekte, die gemacht werden müssen, keine Frage. Dies trifft auf vielleicht 30 bis 40 Prozent zu. Bei den anderen 60 bis 70 Prozent müssen Sie sich die Frage stellen: „Was bringt es mir, wenn ein Projekt halbherzig und mit faden Ergebnissen zu Ende gebracht wird? Bringt mir ein Projekt, das mit Leidenschaft durchgeführt wird, am Ende nicht vielleicht sogar mehr?"

2. Richten Sie eine Projekt-Börse ein. Vergeben Sie Projekte nicht einfach an die Person, die laut Organisationsplan dafür zuständig ist, sondern schreiben Sie Projekte aus. Der Vorteil dieser Methode: Sie können selbst entscheiden, welche Projekte Sie ausschreiben. Vergeben Sie das Projekt an Teams aus Freiwilligen oder gestatten Sie es dem ersten Projektmitglied, sich die Partner selbst auszusuchen.

3. Machen Sie es wie beim Eislaufen. Es gibt den Pflicht- und den Kürteil. Sagen Sie Ihren Mitarbeitern, dass Sie einen bestimmten Prozentteil ihrer Arbeit, beispielsweise einen halben Tag pro Woche für Herzensprojekte verwenden dürfen. Vereinbaren Sie Ziele für diese Zeit, aber lassen Sie den Mitarbeitern freien Gestaltungsspielraum.

4. Die 5:1-Regel. Für fünf feste Projekte, die ein Mitarbeiter zu betreuen hat, gibt es eines, das frei wählbar ist. Damit erreichen Sie ein ausgewogenes Verhältnis zwischen den Dingen, die kontrollierbar erledigt werden müssen und kreativen Neuprojekten. Vereinbaren Sie Bedingungen bezüglich der Projektgröße, Projektdauer und der auf das Projekt verwendeten Zeit.

6.2 Machen Sie den Regel-TÜV – Wie Sie den Autopiloten in den Köpfen von Mitarbeitern abschalten

Wahrscheinlich haben Sie als Führungskraft selbst bereits die Erfahrung gemacht: Sie erlassen Regeln, beschreiben haargenau, wie sich ein Mitarbeiter in welcher Situation zu verhalten hat und was er dort genau tun soll. Und dann ereignen sich Dinge, die irgendwie anders verlaufen als vorgesehen, oder aber Mitarbeiter interpretieren die Regeln anders, als Sie sie interpretieren. Was folgt ist eine Spirale des Regelungswahns. Sie erlassen Regeln darüber, wie die Regeln auszulegen sind, verzweifeln daran, dass die Regeln zur Auslegung der Regeln wiederum verschieden interpretiert werden, woraufhin Sie Anweisungen zur Auslegung der Auslegungsvorschriften von Regeln erlassen in der Hoffnung, dass es jetzt doch schließlich jeder verstanden haben müsste. (Falls Sie das zufällig an das deutsche Steuersystem erinnert, ist das kein Zufall. Das deutsche Steuersystem ist das beste Beispiel für die Wirkungslosigkeit zu komplexer Regelsysteme.) Wahrscheinlich haben Sie auch diese Situation schon einmal erlebt: Durch ein möglichst komplexes Regelwerk versuchen Sie, Ziele zu erreichen. Um am Ende festzustellen: Die Regeln wurden eingehalten, die Ziele verfehlt. Woran liegt das?

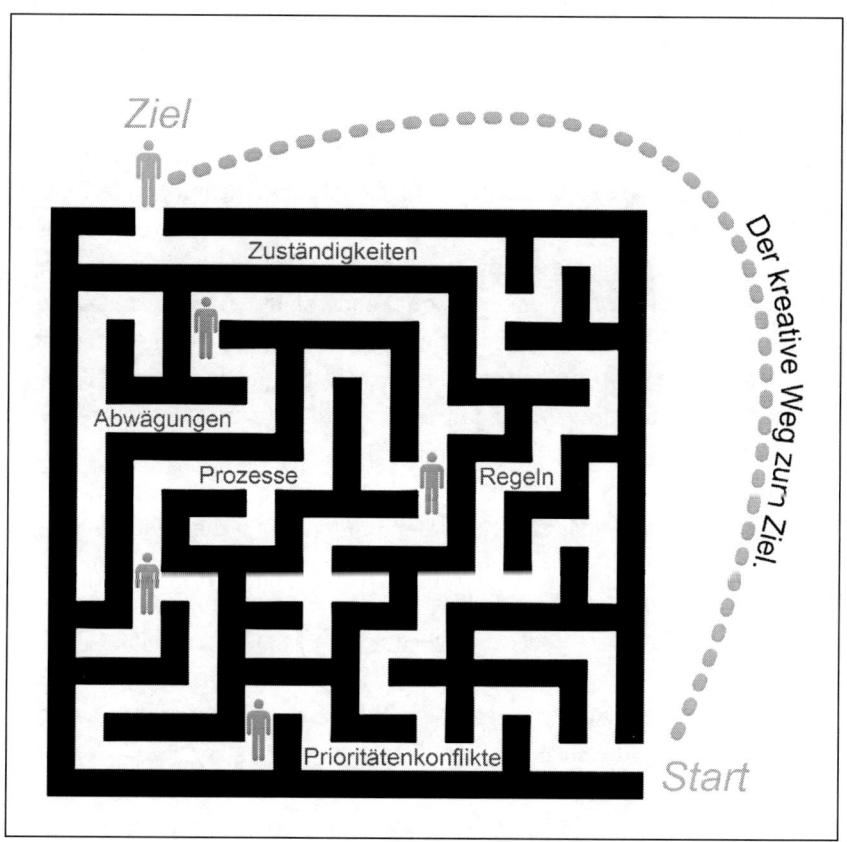

Abbildung 13: Ziele statt Regeln – Mitarbeiter aus dem Labyrinth befreien

Schon Albert Einstein beklagte: *„Perfektion der Mittel und Konfusion der Ziele kennzeichnen meiner Ansicht nach unsere Zeit."* Die meisten Unternehmen sind methoden- und prozessgetrieben. In jedem Managementmeeting lösen die Worte „strukturierte Herangehensweise" bei den Beteiligten ein Leuchten in den Augen aus. Wenn jemand sagt: „Das lässt sich regeln", wird bedächtig genickt.

Wie schwierig es ist, durch die Aufstellung genauer Regeln komplexe Sachverhalte in den Griff zu bekommen, durfte ich am eigenen Leib erfahren. Als Programmdirektor von *Antenne Thüringen* und Chefredakteur von *MDR Jump* verbrachte ich Tage damit, sogenannte „Styleguides" zu verfassen. In den Styleguides waren einerseits die Senderziele definiert, andererseits enthielten sie genaue Umsetzungsrichtlinien für Redakteure, Mitarbeiter und Moderatoren. So gibt es in vielen Radiostationen saisonale Jingles, das sind Senderkennungen, die mit einem Hinweis auf die Jahreszeit versehen sind. Im Sommer gab es Jingles für Sonnenschein und Jingles für Regen. Und natürlich haben wir genauestens versucht, den Einsatz dieser Elemente auf dem Sender zu regeln: Bei Sonnenschein die Sonnen-Jingles, bei Regen die Regen-Jingles. Eigentlich gar nicht so schwer zu verstehen. Wenn da das Wetter nicht wäre. Was also tun Sie, wenn in 90 Prozent des Sendegebiets die Sonne scheint, aber ein kleines Schauergebiet von Südwest nach Nordost durchzieht? Dann passiert es ständig, dass Sie gerade im dicken Regenschauer hängen, während Ihnen Ihr Radiosender verkündet: Sommer, Sonne, tolle Musik.

Natürlich haben wir das Regelwerk entsprechend verändert und festgehalten, dass bei Wechselwitterung im Land die Sommer-Jingles aus dem Programm zu nehmen und durch normale Jingles zu ersetzen sind. Wieder haben wir die Rechnung ohne das Wetter gemacht. Dummerweise stand fast sechs Wochen lang im Wetterbericht: „Wechselnd bewölkt mit sonnigen Abschnitten und vereinzelt Schauern." Was nun? Vielleicht können Sie sich vorstellen, was passierte. Wochenlang waren die teuer produzierten saisonalen Jingles nicht im Programm zu hören. Und das schlimmste war: Alle Mitarbeiter hielten sich exakt an die Regeln. Das Ganze entspannte sich erst, als ich meinen Mitarbeitern ein einfaches simples Ziel vermittelte: Bringt das Gefühl dieses Sommertages auf den Sender. Ob es regnet, gewittert oder so heiß ist, dass man Bratwürste zum Grillen in die Sonne legen kann, egal. Hauptsache: Das Gefühl des Sommertages auf den Sender bringen. Von nun an kamen meine Mitarbeiter fast jeden Tag mit neuen Ideen, wie das Wetter und das Gefühl des Sommers neu und kreativ auf den Sender zu bringen ist. Ich musste erkennen: Meine Regelungswut hatte dafür gesorgt, dass meine Mitarbeiter ihre Gehirne auf Autopilot geschaltet hatten.

Wo Regeln guttun – und wo nicht

Nun können Sie natürlich sagen: „Das ist ja auch die Kreativbranche. Woanders funktioniert so etwas nicht." Und eingeschränkt haben Sie Recht. Wenn Sie zu McDonald's gehen und einen Cheeseburger bestellen, möchten Sie nicht, dass der Koch seiner Kreativität freien Lauf lässt. Ob in Gera, Gelsenkirchen oder Griechenland, der Burger soll immer gleich schmecken. Wenn der Abfluss Ihrer Waschmaschine zu Hause ein Leck hat, möchten Sie keinen kreativen Handwerker haben. Auf Sätze wie „Ich würde heute gern mal ein neues Material ausprobieren", „Soll ich Ihnen ein schickeres Rohr holen, das dauert aber noch drei Tage" oder „Wieso das Rohr gleich auswechseln? Wir können doch auch mit ihm reden" würden Sie wahrscheinlich eher aggressiv reagieren. Zu Recht. Und auch der kreative Zahnarzt, der Ihnen – nachdem er das Loch seines Lebens in Ihrem Zahn hinterlassen hat – sagt: „Entschuldigen Sie bitte, ich wollte mal mit einem neuen Bohrer experimentieren", würde Ihnen wahrscheinlich wenig Freude bereiten. In all diesen Bereichen ist es gut, wenn klare Regeln gelten. In anderen Dingen jedoch ist es hinderlich. Im Verkauf beispielsweise.

Es ist amüsant zu beobachten, wenn Verkäufer die drei Grundregeln aus dem Seminar „Erfolgreicher verkaufen" herunterrattern:

1. Erzähle, dass das Angebot besonders exklusiv ist und versuche deinen Kunden davon zu überzeugen, dass es eine Ehre ist, dass gerade er angerufen wird.
2. Setze den Kunden unter Zeitdruck, indem du vorgibst, das Angebot sei nicht mehr lange vorrätig.
3. Erzähle ständig von zufriedenen Kunden mit wohlklingenden Namen und wiederhole diese Namen möglichst häufig.

Genau mit diesen legendären drei Verkäufertricks hat ein Kongressveranstalter versucht, unser Unternehmen zu einem Sponsoring zu überreden. „Herr Meyer, das ist eine ganz exklusive Veranstaltung, auf der nur wenige ausgewählte Sponsoren teilnehmen dürfen. Wir haben Sie dazu ausgewählt. Es ist – das muss ich Ihnen allerdings sagen – nur noch ein einziger Platz zur Verfügung. Und ich sage Ihnen, Unternehmen wie X und Y sind bereits mehrfach dabei, weil sie uns immer wieder sagen, wie begeistert sie sind." Der Mann war hartnäckig. Er rief eine Woche lang fast jeden Tag an. Am fünften Tag sagte ich ihm: „Wissen Sie, was nicht zusammenpasst? Sie versuchen, mir eine Veranstaltung als hochwertig zu verkaufen und bedienen sich der gleichen Tricks wie ein Gebrauchtwagenverkäufer: ‚Das Auto ist ganz exklusiv nur für Sie da, ich habe auch nur noch ein einziges, aber dafür gibt es schon fünf andere Interessenten. Und namhafte andere Kunden aus Ihrer Stadt haben unsere Autos gerne immer wieder gekauft‘."

Was glauben Sie, hat mir der Verkäufer geantwortet? In seinen Regeln und Verhaltensvorschriften stand leider nicht drin, dass ihm der Kunde die frisch erworbenen Kenntnisse aus dem Verkaufsseminar ankreiden könnte. Also fuhr er fort: „Herr Meyer, das ist wirklich eine ganz exklusive Veranstaltung. Und nur für Sie habe ich den letzten Platz reserviert. Das hat mich unglaubliche Überzeugungskraft gegenüber meinem Chef gekostet. Und der Herr X und der Herr Y von der Firma Z und ZZ sind seit Jahren unsere glücklichen Stammkunden und sagen Ihnen, das werden Sie nicht bereuen."

Regel befolgt, Kunde vertrieben

Wissen Sie, warum wir unser privates Familienkonto nicht bei der Sparkasse haben? Weil die Person, die uns dort empfangen hat, das Ziel hatte, Regeln einzuhalten, und nicht, einen neuen Kunden zu gewinnen. Mit Frau und Kind im Schlepptau erschien ich eines Tages bei der Sparkasse, um ein Familienkonto zu eröffnen. „Ich würde gerne ein Konto eröffnen." „Was? Heute?" „Ja. Ist damit etwas verkehrt?" „Nein. Aber heute ist Sonnabend und da sind unsere Kundenberater nicht verfügbar." „Und?" „Da müssen Sie zunächst einen Termin mit einem Kundenberater machen." „Wozu einen Termin machen? Wir wollen nur ein Konto eröffnen." „Das ist bei uns leider so." „Wann hätten Sie denn einen Termin frei?" „Oh, das sieht schlecht aus. In der nächsten Woche am Donnerstag um 14.00 Uhr." Mein Hinweis, dass Donnerstag 14.00 Uhr für die arbeitende Bevölkerung doch ein schwer zu realisierender Termin sei, wurde mit einem verständnislosen Blick beantwortet. „Na, dann wollen Sie kein Konto eröffnen?" „Nein. Dann gehen wir zu einer anderen Bank."

Diese Mitarbeiterin hat absolut nichts verkehrt gemacht. In ihren Regeln und Dienstvorschriften steht zu einhundert Prozent genau beschrieben, wie mit Kunden umzugehen ist und welche Regeln und Verläufe bei der Errichtung eines Kontos einzuhalten sind. Trotzdem führt es zu der absurden Situation, dass sich von Montag bis Freitag ganze Marketingstäbe den Kopf darüber zerbrechen, wie Kunden aus dem Mittelstand an die Sparkassen gebunden werden können. Am Samstag werden diese dann zielgerichtet aus der Filiale wieder vertrieben. Einzig indem die Regeln eingehalten werden.

Abbildung 14: Regel befolgt, Kunde vertrieben

Den schwersten Fall von Regelungswahn habe ich am Flughafen Boston erlebt. Bezeichnenderweise war es genau der gleiche Checkpoint, an dem später die Attentäter des 11. September die Sicherheitskontrollen passierten. Ich war damals ProSieben Korrespondent in Washington. Mit meinem Kamerateam war ich auf dem Weg von Boston in die US-Hauptstadt. Mein Kameramann hatte eine schwere Fernsehkamera dabei, die den Regeln entsprechend durch den Scanner geschoben wurde. Ein Objekt wie eine Fernsehkamera ist – allein aufgrund seiner Größe und des Gewichts von knapp 8 Kilogramm – bestens dazu geeignet, Sprengstoff zu transportieren. Und so waren wir es gewohnt, an jeder Sicherheitskontrolle mindestens noch einmal zehn Minuten aufgehalten zu werden. Dieser Sicherheitsbeamte hatte jedoch irgendwo in seinem Regelwerk stehen: Verdächtige Gegenstände sind abzutasten. Und nun können Sie sich vielleicht vorstellen, was passierte: Der Beamte stellte die Kamera hin, nahm seine Hände und tastete die Kamera Zentimeter für Zentimeter ab. Dabei machte er ein ausgesprochen wichtiges Gesicht. Nach ungefähr 20 Sekunden sagte er uns: „All right." Entweder wir hatten es hier mit Edward mit den Röntgenhänden zu tun oder der Beamte hat sich einfach nur an seine Regeln gehalten. Ich vermute Letzteres.

Machen Sie den Regel-TÜV

Zu wenige Regeln führen Ihr Unternehmen ins Chaos, zu viele ersticken die Kreativität Ihrer Mitarbeiter. Schlimmer noch: Wenn Sie Ihre Mitarbeiter zu dressierten Schimpansen machen, die ihre Gehirne auf Autopilot stellen, vergessen sie vor lauter Regeln das Ziel. Sie setzen Sonnenschein-Jingles ein, obwohl es regnet, weil sie das Ziel nicht verstanden haben: Sommergefühl zu transportieren. Sie weichen nicht links und nicht rechts von ihren Verkaufsregeln ab. Sie machen alles richtig und vertreiben dabei neue Kunden. Sie gefährden sogar die Sicherheit von Flugzeugen, weil sie Regeln befolgen, statt Ziele zu erkennen: Sprengstoff aus dem Flugzeug fernzuhalten.

Kreative Mitdenker oder dressierte Schimpansen – wie eng ist das Korsett für Ihre Mitarbeiter? Ersticken Regeln die Kreativität Ihrer Mitarbeiter oder sind sie wirklich notwendig? Machen Sie den Regel-TÜV. Überprüfen Sie alle Regeln und fragen Sie sich: „Welches Ziel wird damit verfolgt?"

- Ihre Mitarbeiter haben die Anweisung, jeden Neuankömmling nach seiner Anreise zu befragen? Was steckt dahinter? Welches Ziel wollen Sie damit verfolgen? Der Neuankömmling soll sich bei Ihnen besonders willkommen fühlen? Nun, spätestens wenn er die gleiche Frage fünf Mal gehört hat, wird er sie als Floskel begreifen.

- Ihre Vertriebsmitarbeiter sollen jeden Kunden alle drei Monate einmal kontaktieren? Warum? Was ist das Ziel dieser Maßnahme? Vielleicht sollen sich Kunden von Ihnen besonders gut betreut fühlen. Wer aber sagt Ihnen, dass sich Kunden von Ihnen nicht besonders genervt fühlen?
- Ein Mitarbeiter aus dem Marketing möchte eine neue Kampagne testen. Die Marktforschungstools und die Gesellschaft, mit der er arbeiten soll, sind genau vorgegeben. Die Arbeitsweisen und Abfragemechanismen sind genauso geregelt wie die Zielgruppenauswahl und die Testmethoden. Welcher Anreiz wird hier gesetzt? Regeln einzuhalten oder dafür zu sorgen, dass das Ergebnis wirklich das bestmögliche ist?

Regeln ergeben häufig weniger Sinn, als Sie es zunächst vermuten. Bei meiner Arbeit mit einem großen deutschen Konzern sagte mir einer der Innovationsbeauftragten: „Natürlich wissen wir, dass wir in zwei Jahren mit dieser Idee auf dem Markt keine Chance mehr haben. Aber wir entwickeln sie trotzdem weiter, denn die Regeln besagen, dass unser Innovationsprozess so lange dauert." Das führt zu einer absurden Situation: In dem speziellen Bereich war eine gesamte Abteilung damit beschäftigt, Regeln einzuhalten – wohl wissend, dass das Produkt auf dem Markt später chancenlos sein würde, weil es ein bis zwei Jahre zu spät kommen würde.

Was ist das Ziel dieses Prozesses? Was ist das Ziel einer jeden einzelnen Regel in diesem Prozess? Hinterfragen Sie es und beginnen Sie dort, wo es sinnvoll erscheint, Regeln durch Ziele zu ersetzen. Lassen Sie Ihren Mitarbeitern den Freiraum bei der Auswahl der Maßnahmen. Improvisieren Sie. Ja, Sie haben richtig gehört: Improvisieren Sie. Improvisation ist häufig verpönt, doch genauer betrachtet ist Improvisation eine hohe Kunst.

Die hohe Kunst der Improvisation

Was denken Sie, wenn Ihnen jemand sagt: „Bei der Marktforschung für das neue Produkt habe ich improvisiert." Wie empfinden Sie es, wenn der Trainer eines Seminars zu Ihnen sagt: „40 Prozent des Seminars waren vorbereitet, der Rest war improvisiert." Oder wenn Ihr Automechaniker zu Ihnen sagt: „Ich habe die Originalteile nicht bekommen, ich musste improvisieren." Sagen Sie: „Wow! Da hat jemand offenbar so viel Wissen, dass er in der Lage ist, vom normalen Weg abzuweichen und etwas Eigenes zu machen"? Oder denken Sie eher: „Oh Gott, was das wohl wird"? In der Führung und im Management ist Improvisation verpönt. Wer improvisiert, hat die Methoden offenbar nicht richtig gelernt, weicht vom sicheren Weg ab und gefährdet den Erfolg. Doch Improvisation ist nur scheinbares Chaos. In der Musik ist Improvisation die höchste Form.

Prof. Stefan Bauer aus Weimar gehört zu den wenigen, die das Fach Improvisation in der Musik wirklich lehren. Er selbst ist ein kleines Genie. Beethoven vermischt mit den Beatles und das Ganze als Walzer. „We will rock you" von Queen als Ballade, gewürzt mit einer Prise Chopin – Stefan Bauer spielt es, ohne Noten, ohne Anleitung, ohne aufwendige Kompositionen. Weiß dieser Mann, was er tut? Kann er vielleicht keine Noten lesen? Oder ist er einfach nur zu faul, den richtigen Weg zu lernen? Nein, er improvisiert auf Basis einer tiefen Kenntnis der verschiedenen Musikstile – nicht weil er zu wenig weiß, sondern weil er fundiertes Wissen im Kopf ständig neu verknüpft. Der Weg ist nur scheinbar chaotisch und unstrukturiert, er hat ein klares, festes Ziel im Kopf. Dieses Denken lässt sich auf andere Bereiche übertragen.

Nehmen wir noch einmal den Verkäufer aus unserem Beispiel. Welchem Verkäufer würden Sie eher etwas zutrauen? Demjenigen, der Ihnen sagt: „Ich rufe beim Kunden an und wende gelernte Verkaufsstrategien an. Mein Gespräch habe ich folgendermaßen geplant: Schritt eins, Schritt zwei, Schritt drei etc." oder demjenigen, der sagt: „Ich weiß noch nicht genau, wie ich es mache. Ich improvisiere." Welchem Portier würden Sie eher zutrauen, einen Hotelgast freundlich zu empfangen? Demjenigen, der sagt: „Ich begrüße den Gast zunächst mit einem höflichen Lächeln und der Frage, wie er seine Anreise hierher empfunden hat, ob er alles gut gefunden hat und ob er Hilfe mit seinem Gepäck braucht" oder demjenigen, der Ihnen sagt: „Keine Ahnung, wie ich den Gast begrüße. Das hängt von der Situation und meinem Gegenüber ab."

Schaffen Sie Raum für Improvisation. Aber knüpfen Sie diesen Freiraum an klare Bedingungen:

- Eine Orientierung an hohen Zielen. Improvisation dient nicht dazu, sich frei auszuleben. Improvisation dient dazu, Unternehmensziele kreativer und damit besser zu erreichen.
- Ein fundiertes Methodenwissen. Improvisation führt nur dann zum Erfolg, wenn die Grundlagen im Kopf tief verankert sind. Achten Sie darauf, dass für das Abweichen von der Regel von Ihren Mitarbeitern überzeugend argumentiert werden kann.
- Intensives Nachdenken über Ziele und Maßnahmen: Laden Sie Ihre Mitarbeiter zu regelmäßigen Gesprächen ein. Tauschen Sie sich darüber aus, welche Ideen Ihre Mitarbeiter entwickeln, um Ziele auf ihre eigene Art und Weise zu erreichen.

Mit Regeln ist es wie mit Philosophien. Ungeschriebene Regeln, die gelebt werden, sind wertvoller als geschriebene Regeln, an die sich niemand hält. Die Arbeit Ihrer Mitarbeiter wird dadurch einzigartiger. Vielleicht werden Sie nicht mit jedem Lösungsansatz Ihrer Mitarbeiter zu 100 Prozent übereinstimmen. Dafür werden Sie eine Vielzahl neuer Inspirationen, Ideen und Herangehensweisen erhalten, die Sie von einem ausschließlich durch Regeln geführten Team niemals erhalten hätten.

6.3 Erschließen Sie neue Ideenquellen: Wie Sie den Horizont Ihrer Mitarbeiter erweitern

Einer der wesentlichen Einflussfaktoren, den Sie als Führungskraft haben, ist der Grad der Öffnung, den Sie für Ihr Unternehmen, Ihre Abteilung oder Ihr Team zulassen. Es ist ein Merkmal hochkreativer Unternehmen, dass sie alles tun, damit ihre Mitarbeiter nicht im eigenen Saft schwimmen. Bei der Ideenschmiede 3M gehört eine Warnung zu den wesentlichen Werten des Unternehmens: „Baue Zäune um Menschen herum und du wirst Schafe bekommen."

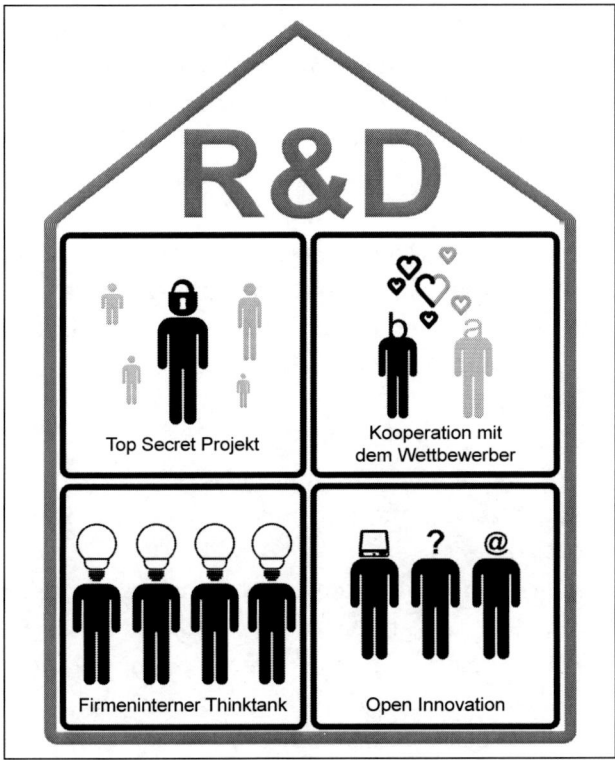

Abbildung 15:

Maximale Geheimhaltung und maximale Öffnung – unter einem Dach sind verschiedene Projekte möglich

Als Führungskraft können Sie Ihre Mitarbeiter systematisch abschirmen und dafür sorgen, dass sie nur mit Kollegen aus der eigenen Branche in Berührung kommen. Sie können Arbeitsprozesse und interne Abläufe so gestalten, dass nur wenige neue Einflüsse auf Ihre Mitarbeiter einströmen. Sie können aber auch dafür sorgen, dass Ihre Mitarbeiter ständig und immer unterschiedlichsten Einflüssen ausgesetzt sind. Indem Sie sie aktiv auffordern, über den Tellerrand zu blicken und in unterschiedlichsten Bereichen nach Lösungen zu suchen. Indem Sie – wie es der CEO der Tata Group, Ratan Tata, nennt – „das Unfragbare fragen", die allgemeine Sichtweise infrage stellen und so Ihre Mitarbeiter zu neuem Denken inspirieren. Oder indem Sie für Ihr Unternehmen, Ihre Abteilung oder Ihr Team systematisch neue Ideenquellen erschließen.

Jeder Kundenkontakt, jeder Marktkontakt ist eine potenzielle Ideenquelle. Aus jeder Kundenbeschwerde können Anregungen für Innovationen hervorgehen, aus jedem Eintrag in einem Internetforum können neue Ideen abgeleitet werden. Wie gut nutzen Sie bislang diese Ideenquellen?

Beispiel: Ideenquellen im Vertrieb besser nutzen

Ihre Vertriebsmitarbeiter sind jeden Tag in Kontakt mit zahlreichen Kunden. Wie genau sehen die Reiseberichte aus? Wonach schaut Ihr Mitarbeiter bei seinen Kunden? Welche Informationen bekommen Sie? Fragt Ihr Vertrieb lediglich die Zufriedenheit ab und stellt Fragen wie diese?

„Wie zufrieden sind Sie mit unseren Produkten?"
„Wie zufrieden sind Sie mit unseren Dienstleistungen?"
„Wie zufrieden sind Sie mit unserer Betreuung?" usw.

Sie finden heraus, dass Ihr Kunde mehr oder weniger zufrieden ist. Aber Sie erfahren nichts Neues. Das Unternehmen verharrt im Status quo, wertvolle Chancen für neue Geschäftsmodelle werden vergeben. Neue Chancen erschließen Sie erst dann, wenn Sie Ihre Mitarbeiten darin schulen, mehr aus Kundenkontakten herauszuholen. Durch Fragen wie diese:

„Wie verwenden Sie momentan das Produkt?"

„Was tun Sie vorher, was tun Sie nachher?"

„Wie genau sieht der Arbeitsprozess aus, in dem unser Produkt verwendet wird?"

„Welche Schwierigkeiten gibt es dabei?"

„Was ist im täglichen Umgang mit unseren Produkten anders, als sie es zunächst erwartet haben?"

Machen Sie Ihren Vertrieb zum Problemforscher. Schulen Sie Ihre Mitarbeiter darin, Probleme zu erkunden, von denen Ihr Kunde noch nicht einmal weiß, dass er sie hat. Erinnern Sie sich an die kreative Fähigkeit „Problemsensitivität"? Der erste Schritt im Edison-Prinzip. Genau hier können Sie als Führungskraft wesentlich dazu beitragen, Ihr Unternehmen mit neuen Ideenquellen in Berührung zu bringen.

Checkliste: Ideenquellen erschließen

Die folgenden drei Punkte helfen Ihnen dabei, Ideenquellen systematisch zu erschließen.

1. Machen Sie eine Aufstellung aller relevanten Kontakte, seien es Kundenkontakte, Lieferantenkontakte oder Kontakte zu Branchenexperten und Universitäten. Wer in Ihrem Team, Ihrer Abteilung oder Ihrem Unternehmen hat welche Kontakte?
2. Machen Sie eine Ist-Analyse: Was kommt bei diesen Kontakten heraus? Bewerten Sie die Ergebnisse dieser Kontakte im Hinblick auf Ihr strategisches Ziel.
3. Überlegen Sie, was bei diesen Kontakten herauskommen müsste, damit es Ihnen und Ihrem Team Anregungen für neue Ideen gibt.

Wichtig! Misstrauische Geister können es Ihnen schnell übelnehmen, wenn Sie eine Anordnung zur Offenlegung von Kontakten erlassen. Je partnerschaftlicher und einvernehmlicher Sie vorgehen, desto besser. Veranstalten Sie ein Teammeeting, bei dem Sie die Frage stellen: „Wer kann uns helfen, Inspirationen zu bekommen, um den Prozess zu verschlanken? Wen kennen wir denn eigentlich?"

Beispiel: Monteure eines mittelständischen Maschinenbauers

Ihre Monteure warten die Maschinen, die sie beim Kunden aufgestellt haben, regelmäßig vor Ort. Momentan erfassen Sie die Gründe, warum es diese Wartungsarbeiten gegeben hat. Beispielsweise weil Zulieferprodukte nicht funktioniert haben, weil es Anschlussprobleme gab oder Ähnliches. Aber bekommen Sie auch Chancen heraus? Erfahren Sie zum Beispiel, dass ein Hauptproblem Ihrer Kunden darin besteht, nicht genügend fachkundiges Personal für bestimmte Arbeitsschritte zur Verfügung zu haben? Das kann für Sie der Beginn einer innovativen Idee sein. Möglicherweise wird Ihr Geschäftsmodell der Zukunft darin bestehen, temporäre Beratungsdienstleistungen zu erbringen, die Kunden dabei helfen, Geräte möglichst effektiv zu nutzen. Schon sind Sie beispielsweise in der Prozessberatung tätig, etwas, das Ihr Unternehmen bislang in dieser Form gar nicht im Sinn hatte.

Ich erlebe es häufig, dass sich komplett neue Chancen ergeben, sobald wir mit Unternehmen daran arbeiten, systematisch neue Ideenquellen zu erschließen. Das Spannende an diesem Ansatz: Er hat einen hohen Effekt und ist vergleichsweise einfach zu implementieren. Sie müssen keine neuen Strukturen schaffen, keine neuen Mitarbeiter einstellen und das Unternehmen nicht auf den Kopf stellen. Alles, was Sie tun müssen: Überlegen, wie Sie aus dem Vorhandenen mehr herausholen. Die folgenden Zeilen sollen Ihnen dabei helfen, Ideenquellen zu erschließen.

Die Kunst, auf Nebensätze zu achten

Wir sind es gewohnt, vor allem auf das zu hören, was im Hauptsatz steht. Jemand sagt Ihnen, warum er mit einer Maschine zufrieden ist, warum er mit Ihrer Dienstleistung zufrieden ist, was er momentan erfolgreich tut, wo er seine zukünftigen Chancen sieht und so weiter.

Ein Kunde sagt beispielsweise: „Unsere Dienstleistungen kommen bei unseren Kunden sehr gut an, obwohl wir doch einige Schwierigkeiten hatten." Worauf achten Sie nun? Achten Sie darauf, dass der Kunde Ihnen gesagt hat: „Nun, im Großen und Ganzen läuft es gut"? Oder achten Sie auf „... trotz der Schwierigkeiten..."? Wenn Sie auf „trotz der Schwierigkeiten" geachtet haben, sind Sie bei der nächsten Frage: „Worin genau bestehen denn diese Schwierigkeiten?" Sie versuchen, Punkte herauszubekommen, bei denen der andere Optimierungsbedarf hat. Im Problem des anderen könnte Ihre Chance liegen. Dabei hilft Ihnen eine dreistufige Fragetechnik:

Stufe 1: Die Suche nach offensichtlichen Problemen. Ihr Kunde beziehungsweise Ihr Gegenüber erzählt Ihnen freimütig, wo seine Probleme liegen Hier existieren Hindernisse bei der Umsetzung, hier gibt es Schwierigkeiten, hier gibt es Verzögerungen. Um Problemstufe 1 zu erkunden, brauchen Sie vor allem eines: Offene Ohren. Ihr Kunde erzählt Ihnen ja freimütig, woran es liegt.

Stufe 2: Die unbewussten Probleme. Es sind die Probleme, die Ihr Kunde hat, ohne sie aber wirklich benennen zu können. Der Prozess zur Auslieferung einer bestimmten Dienstleistung ist etwas kompliziert, aber eigentlich haben sich im Unternehmen alle daran gewöhnt. Für Sie könnte es trotzdem eine Chance sein, diesen Prozess schneller zu machen. Meistens erkennen Sie solche Probleme aus der Kunst der Nebensätze. Jemand sagt: „Im Großen und Ganzen ist alles in Ordnung." Hier liegt also etwas im Argen, was momentan Ihr Gegenüber noch nicht wirklich als problematisch ansieht. Wenn Sie aber dieses Problem definieren, könnte es für Sie eine Chance sein.

Stufe 3: Probleme, die der andere erst dann hat, wenn er sich verbessern möchte. Hier müssen Sie aktiv nachfragen. Ihr Kunde erzählt Ihnen beispielsweise: „Bei der Auslieferung unserer Produkte ist alles perfekt". Haken Sie jetzt nach. Wie perfekt? Fragen sie beispielsweise: „Nehmen wir an, Sie wollten noch besser werden, was müssten Sie dann tun?" Oder stellen Sie eine Frage mit einem Fantasie-Szenario. Diese Technik möchte ich Ihnen gerne kurz vorstellen.

Die Technik der Fantasie-Szenarios

Fantasie-Szenarios sind Szenarien, die so eigentlich nicht existieren, aber möglicherweise einmal existieren könnten. Diese Form von Szenarien setzen wir in Trainings oder Workshops immer dann ein, wenn es darum geht, den gewohnten Denkrahmen zu sprengen. Das müssen Sie tun, wenn Sie Probleme der Stufe drei erfassen wollen, nämlich die Probleme, die Ihrem Kunden nicht bewusst sind. Erstellen Sie beispielsweise ein Fantasie-Szenario, in dem ein Mitbewerber die Hauptrolle spielt. „Nehmen wir an, Ihr Hauptmitbewerber würde einen Prozess entwickeln, um die Kundenbedürfnisse noch schneller zu erfüllen. Wie würden Sie reagieren, was müssten Sie tun, um das noch weiter voranzubringen?" Oder erfinden Sie einen unzufriedenen Kunden, wo momentan vielleicht noch gar keiner ist. Sagen Sie beispielsweise: „Nehmen wir an, das was heute perfekt ist, empfindet Ihr Kunde nicht als perfekt. Er ist unzufrieden. Nehmen wir an, Sie hätten den schlimmsten Kunden aller Zeiten, denjenigen, der das ganze Unternehmen durcheinanderbringt und -wirbelt. Was würden Sie tun, um diesen Kunden zufriedenzustellen?"

Merken Sie den Unterschied in der Fragestellung? Merken Sie den Unterschied einer Herangehensweise, in der einfach nur die Kundenzufriedenheit abgefragt wird, und einer anderen, die nach verborgenen Potenzialen sucht? Wenn es darum geht, die Ideenquellen eines Unternehmens systematisch zu erschließen, überlegen Sie, wie Sie mehr aus den Kontakten, die Sie ohnehin haben, herausholen können. Ich habe in diesem Kapitel das Beispiel des Vertriebs gewählt, weil die Analyse von konkreten Kundenproblemen einer der wichtigsten Innovationstreiber ist. Sie können dieses Beispiel aber auch auf alle anderen Bereiche eines Unternehmens übertragen.

6.4 Das Zeitmanagement von Karpfen und was es mit Ihnen zu tun hat

Es gibt einen israelischen Witz, der sehr hintergründig ist. Der alte Moshe hat einen Traum. Er möchte in der Lotterie gewinnen. Er fleht Gott an: „Herr, mach, dass ich in der Lotterie gewinne!" Geduldig wartet Moshe die Ziehung der Lottozahlen ab. Nichts. Er ist enttäuscht. In der Woche darauf ruft er Gott erneut an: „Herr, höre mich. Bitte lass mich gewinnen." Mit großer Spannung sitzt er bereit, als die Zahlen gezogen werden. Wieder nichts. Wie auch in den Wochen danach. Langsam wird der alte Moshe wütend. Er fleht nicht mehr, er brüllt den Herrn an. „Weißt du Herr, ich habe dich drei Mal gebeten, ich habe auf Knien darum gefleht, dass ich in der Lotterie gewinne, und du hast mich nicht erhört. Langsam verliere ich den Glauben an dich." Plötzlich blitzt es und donnert es. Der Himmel öffnet sich und eine Stimme sagt: „Moshe!" Erschreckt guckt Moshe: „Ja?" „Moshe" sagt die Stimme, „ich bin's, dein Herr. Du willst in der Lotterie gewinnen?" „Ja Herr, ich will in der Lotterie gewinnen." „Moshe, gib' mir eine Chance, kauf dir ein Los."

Mit neuen Ideen ist es ähnlich. Geben Sie ihnen eine Chance. Ideen zu entwickeln ist wie Angeln gehen: Wenn Sie jeden Tag zwei Stunden eine Angel in den Fluss halten, ist die Chance, einen Fisch zu fangen, wesentlich größer als wenn Sie es nicht tun. Dummerweise lässt sich beim Angeln der beißende Fisch nicht genauso auf einen Termin legen wie beispielsweise eine Besprechung oder die Bearbeitung eines Dokuments. In Ihrem persönlichen Zeitmanagement steht möglicherweise: „Dienstag, 13.37 Uhr:

Karpfen beißt an." Nun hat der Karpfen vielleicht ein ganz anderes Zeitmanagement. Bei ihm steht: „Dienstag, 13.37 Uhr: Auf dem Grund liegen und dösen." Um 15 Uhr wäre er bereit zum Beißen. Da allerdings sind Sie bereits im nächsten Meeting.

Sie können Ideen nicht genau terminieren. Sie können – ähnlich wie beim Angeln – die Wahrscheinlichkeit erhöhen, indem Sie einen besseren Köder verwenden oder die Angel dort auswerfen, wo die meisten Fische sind, aber Sie werden es niemals schaffen, eine Idee genau zu terminieren. Sie arbeiten an der Lösung eines schwierigen Problems. Immer wieder werden Sie Ideen generieren, sie verwerfen, sie wieder aufgreifen, sie etwas verändern, sie wieder verwerfen und sie noch einmal neu probieren, bis sie am Ende schließlich funktionieren. Dafür brauchen Sie eines: Zeit.

Die Zeit-Ideen-Falle

„Ich habe keine Zeit." Und schon sind Sie drin, in der Zeit-Ideen-Falle, in der sich ungefähr 90 Prozent aller Menschen befinden. Sie haben keine neuen Ideen und hätten gerne welche. Zugleich sind Sie aber der festen Überzeugung, dass Sie einfach keine Zeit haben. Wenn Sie sich diese Zeit nicht schaffen, können Sie dieses Buch sofort schließen. Sie können es gebraucht über eBay versteigern und hoffen, dass Sie vielleicht noch die Hälfte des Kaufpreises zurückbekommen. Vielleicht sagen Sie sich aber auch: „Man kann es ja mal probieren …" Dann sollten Sie jetzt weiterlesen.

Wahrscheinlich haben Sie das klassische Zeitmanagement gelernt, das an fast jeder Volkshochschule gelehrt wird. Das Zeitmanagement, wonach man Aufgaben in die Kategorien A, B, C und D einteilt. Die Methode dazu heißt „Eisenhower-Matrix". Ich gehe davon aus, dass ich Ihnen damit nichts Neues erzähle. Man unterteilt Aufgaben danach, inwieweit sie wichtig und dringend sind.

- Sind sie dringend und wichtig, sind sie eine A-Aufgabe. Sofort erledigen!
- Sind sie wichtig, aber nicht ganz so dringend, ist es eine sogenannte B-Aufgabe. Bei dieser Aufgabe ist es wichtig, sich Freiräume zu schaffen und die Abarbeitung einzuplanen.
- C-Aufgaben könnte man kurz als das tägliche Geschnatter im Betrieb bezeichnen. Eine schnelle Anfrage hier, etwas, was wichtig ist, da, hier noch eine kleine Antwort, da noch ein paar kurze Informationen an einen Kollegen, hier noch etwas, was angeblich fürchterlich dringend ist und sofort erledigt werden muss. Im Nachhinein stellen sich all diese Aufgaben als vollkommen unwichtig heraus und am Ende eines Tages fragen Sie sich: „Was habe ich eigentlich gemacht?"
- Und dann gibt es noch die D-Aufgaben. Sie sind weder dringend noch wichtig. Manchmal machen sie einfach nur Spaß. Deshalb gibt es hier nur zwei Regeln: Entweder streichen oder weitermachen, dann allerdings als eine Art Belohnungsaufgabe.

Warum klassisches Zeitmanagement Ideen erstickt

Dieses klassische Zeitmanagement-Modell, das in dutzenden, wenn nicht gar Hunderten von Seminaren täglich gelehrt wird, hat einen riesengroßen Nachteil. Es beschäftigt sich ausschließlich mit Projekten, die bereits vorhanden sind. Mithilfe des klassischen Zeitmanagement-Modells arbeiten Sie Aufgaben ab, die auf dem Tisch liegen. Kreativität und Ideenfindung hat aber etwas damit zu tun, sich um die Aufgaben zu kümmern, die Sie noch gar nicht kennen. Das Zeitmanagement, das ich Ihnen vorstellen möchte, schafft ein Vakuum in Ihrem Zeitplan. Ein Vakuum, bei dem Sie noch nicht von Anfang an genau wissen, was in diesem Zeitraum genau passieren wird und zu welchen Ergebnissen es führen wird. Mit diesem Vakuum geben Sie einfach nur Raum, damit Neues entstehen kann. Bei der Eisenhower-Matrix fehlen zwei Komponenten: Die E- und die F-Aufgaben.

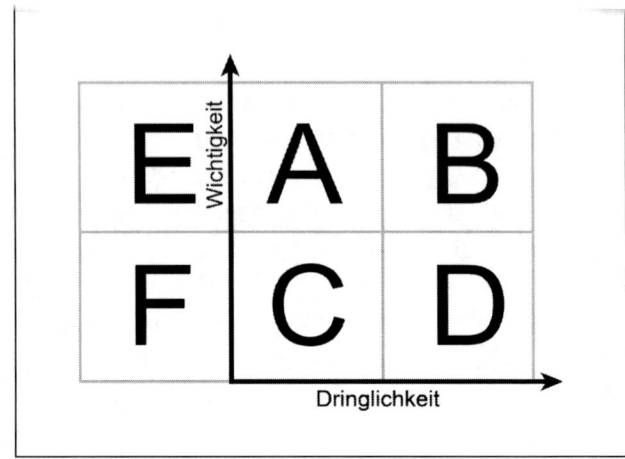

E steht für Entwicklungsaufgaben. In Ihrer E-Zeit entwickeln Sie neue Ideen, die dann möglicherweise einmal zu neuen Projekten werden, also zu einer B-Aufgabe und schließlich möglicherweise sogar einer A-Aufgabe. Wenn Sie sich an die Entwicklung neuer Ideen setzen, wissen Sie aber noch gar nicht, ob daraus eine Idee entsteht, und wenn, was für eine. Durch fundierte Ideenentwicklungsmethodik können Sie die Chancen auf Ideen drastisch erhöhen, eine hundertprozentige Garantie jedoch wird es niemals geben.

F sind die Forschungsaufgaben. Häufig benötigen Sie für neue Ideen Wissen aus anderen Bereichen, das Sie dann mit etwas kombinieren, das Sie bereits vorliegen haben. Sie suchen beispielsweise nach Lösungsansätzen aus anderen Bereichen, nach Produkten, die woanders entwickelt wurden, nach Inspirationen aus fremden Branchen oder sogar der Natur. Es sind unkonventionelle Bildungsmaßnahmen – wenn Sie es so sehen wollen. Erfolgreiche Kreative nehmen sich viel Zeit für diese F-Aufgaben. Wenn sie beispielsweise ein neues Design entwerfen wollen, nehmen sie sich manchmal einige Tage Zeit, um das Design der Natur zu studieren, das Design erfolgreicher anderer Branchen oder das Design von Musik-videos. Eine Hamburger PR-Agentur, deren Mitarbeiter ich vor einigen Jahren trainiert habe, gibt ihren Mitarbeitern in jedem Jahr fünf Tage zur Inspiration. Das ist kein Urlaub, sondern ein wichtiger Bestandteil des kreativen Prozesses der Agentur. Die Kunden stammen aus dem Mode- und Lifestyle-Bereich. Für die Agentur ist es von großer Bedeutung, die neuesten Trends aus anderen Ländern und kreativen Zentren wie beispielsweise London mitzubekommen. Wenn Mitarbeiter ihre Inspirationstage nehmen, begeben Sie sich scheinbar ohne Ziel ins Londoner Szene-Leben. Aber eben nur scheinbar ziellos. Sie registrieren und notieren neue Trends, sie fotografieren neue Designs, sie schauen, wie Londoner-Independent-Designer neueste Trendprodukte kreieren und darstellen. Die Ergebnisse dieser Inspirationsreisen werden anschließend im Team vorgestellt. Sie sorgen dafür, dass das Unternehmen immer und immer wieder in Kontakt mit den Szenen bleibt, die für sie wichtig sind. Das Ergebnis: Die Agentur ist in den letzten Jahren sehr stark gewachsen und gehört – obwohl noch ein sehr junges Unternehmen – zu den erfolgreichsten der Branche.

Sie sind Hersteller von Computersoftware und überlegen, wie Sie die Produktvorteile anders und besser kommunizieren können. Was glauben Sie, führt zu den innovativeren Ansätzen? Das übliche Meeting mit den üblichen Köpfen im Haus? Dem Vertriebsleiter, der zum zehnten Mal erklärt, was Kunden sich wünschen, dem Marketing-Leiter, der die letzten fünf Kampagnen auf die gleiche Art und Weise bestritten hat und der über umfangreiche Branchenerfahrung verfügt, dem Produktmanager, der das Produkt seit zehn Jahren betreut, und zwei weiteren Mitarbeitern? Oder ein Besuch bei der Hamburger Bild-Zeitung, wo Sie sich inspirieren lassen, wie die Zeitung komplizierte Inhalte in einfache, plakative Schlagzeilen packt? Oder vielleicht ein Tag, den Sie mit einem freiberuflichen Werbetexter, einem kreativen Grafiker, mit zwei jungen Werbestudenten und drei Teilnehmern, die mit Software noch nie etwas zu tun hatten, verbringen? „Die wissen doch gar nichts von Software." „Die kennen unsere Kunden doch gar nicht." „Ich weiß nicht, was das bringen soll." Sofort fallen uns Argumente ein, warum das schwierig und problematisch sein könnte. Vielleicht haben Sie am Ende sogar Recht. Und vielleicht erzielen Sie wirklich keine verwertbaren Ergebnisse. Das kann Ihnen jedoch bei Ihrem internen Meeting genauso passieren. Nur sind wir das gewohnt und hinterfragen es deshalb kaum kritisch.

F- und E-Aufgaben sind das, was für Moshe das Lotterielos ist: Kaufen Sie sich eines und erhöhen Sie damit die Chance auf Ihr Glück! Werfen Sie die Angel in den Fluss und erhöhen Sie die Wahrscheinlichkeit, einen dicken Fisch zu fangen. Und geben Sie Ideen eine Chance!

So schaffen Sie Raum für Neues

Wenn Sie eine neue Woche für sich selbst planen, beginnen Sie zunächst mit den E- und F-Zeiten. Planen Sie zwei bis drei Stunden, vielleicht sogar einen Tag im Monat ein, an dem sie forschen gehen. Einen Tag, an dem Sie Ihren Kopf mit neuen Dingen konfrontieren. Neuer Technologie, die in Ihrem Bereich eine Rolle spielen könnte. Interessanten Werbekampagnen, von denen Sie sich eine Scheibe abschneiden könnten. Interessanten Designs aus der Natur, die Sie zu neuen Designs inspirieren. Ungewöhnlichen Denkwegen im Bereich der Finanzen, falls Sie in diesem Bereich tätig sind. Lesen Sie ein Buch über Guerilla-Strategien von Unternehmen, die Märkte mit ungewöhnlichen Maßnahmen revolutioniert haben. Lesen Sie die Biografie von Walt Disney, von Richard Branson oder Thomas Edison. Treiben Sie sich in den Betalabs von Google herum, lernen Sie, wie eine der erfolgreichsten Firmen weltweit neue Produkte testet. Gehen Sie in den Apple-Store und schauen Sie, wie das Unternehmen seine Kunden anspricht und Produkte inszeniert. Oder verbringen Sie einen Tag mit einem Kunden und beobachten Sie, was dem Kunden schwerfällt. Sammeln Sie dabei neue Inspirationen für neue Ideen. Nehmen Sie sich dann noch einmal zwei bis vier Stunden Zeit, um mithilfe dieser Inspirationen konkrete Ideen für konkrete Aufgaben zu entwickeln.

„Die besten Gedanken kommen in der Zurückgezogenheit, die schlechtesten im Tumult." Dieses Zitat stammt von Thomas Edison. Edison ließ sich in seiner Erfindungsfabrik eigens einen Raum einrichten, in dem er denken konnte. Viele erfolgreiche Unternehmen sind so entstanden. Wenn Sie in Köln, Düsseldorf oder Bremen leben, kennen Sie möglicherweise Center-TV, einen Fernsehsender, der das Regionalfernsehen auf den Kopf stellte. Ich war an den Anfängen beteiligt, als sich Sendergründer André Zalbertus täglich drei Stunden zum Denken in sein Büro am Rhein zurückzog. Systematisch dachte André jeden Tag darüber nach, warum der Großteil aller regionalen Fernsehsender Verluste schrieb und wie man das ändern könnte. Er ersann eine neue Technik, neue Arbeitsweisen für die Reporter und vollkommen neue Fernsehformate, die preiswert und trotzdem erfolgreich sind. So entstand beispielsweise Heimatvideo-TV, ein Format, das daraus besteht, dass Hobbyreporter die Filme ihrer Stadtteile präsentieren. Für einen lokalen Fernsehsender extrem preiswert und zugleich sehr erfolgreich. Kult in Köln sind mittlerweile auch die sogenannten „Veedels-Reporter", Hobbyreporter, die aus den verschiedenen Kölner Vierteln (Veedel) berichten. Das Geld, das sie dafür bekommen, ist minimal. Center-TV kennt auch keine aufwendige Sendetechnik mehr. Der Sendeablauf funktioniert über einen Server, gerade am Wochenende können Programmänderungen einfach dadurch stattfinden, dass sich ein Techniker von zu Hause aus über das Internet einwählt und mal eben den Sendeplan verändert. Bei traditionellen Sendern mussten komplette Sende-Ablaufteams bezahlt werden. Drei Stunden nachdenken täglich.

Unterscheiden Sie künftig zwischen „Kreativ-Tagen" und „Horror-Tagen". Horror-Tage sind die Tage, an denen Sie all das abarbeiten, was Sie für das Tagesgeschäft erledigen müssen. Alle Meetings, alle Controlling-Aufgaben, alle Excel-Tabellen, alle Telefonkonferenzen und so weiter. An Horror-Tagen versuchen Sie nur eines: Mit einer extrem hohen Taktzahl das Tagesgeschäft vom Tisch zu bringen. Am Horror-Tag sind Sie ein Zeitgeizer. Jedes Meeting, das normalerweise eine Stunde dauert, versuchen Sie in zwanzig Minuten durchzuziehen. Jede Tabelle, an der Sie vielleicht üblicherweise noch stundenlange Schönheitskorrekturen machen, stellen Sie fertig. Fertig werden! Weg vom Tisch!

Machen Sie den Katz-Test

Ersticken Sie im Tagesgeschäft? Stecken Sie möglicherweise viel Energie und Zeit in die Bewältigung von Aufgaben und verhindern damit aber neue Ideen und Innovationen? Bringen diese Aufgaben möglicherweise weniger als das, was neue Ideen bringen könnten? Wir neigen dazu, uns mit so vielen Aufgaben zuzuschütten, dass der Tag voll ist. So ähnlich wie bei der Tagesschau: Es passiert immer genau so viel, wie in 15 Minuten hereinpasst. Unter den Aufgaben befinden sich naturgemäß solche, die wichtig sind, solche, die weniger wichtig sind, und solche, die momentan nur wichtig scheinen oder aber die erledigt werden, weil sie irgendwann einmal erledigt werden sollten. Bei genauer Betrachtung jedoch sind sie für die Katz.

Erfolgreiche Kreative fokussieren ihr Engagement auf die Aufgaben, die wirklich wichtig sind. Sie schaffen damit Luft in Ihrem Zeitplan, um Ideen für Aufgaben zu entwickeln, die morgen wichtig sein werden. Dazu müssen Sie im ersten Schritt Ihre Aufgabenliste einer regelmäßigen Radikalkur unterziehen. Es geht nicht darum, einfach nur einmal oberflächlich über die Aufgabenliste zu sehen, sondern radikal auszusortieren. Mit diesem Ansatz haben wir bei Microsoft in Deutschland bei knapp zwanzig Teams jeweils einen Tag pro Woche pro Mitarbeiter für die Entwicklung neuer Ideen freigeschaufelt. Save 20 hieß das Programm. Beim Katz-Test durchforsten Sie Ihre Aufgaben nach vier Kriterien:

K: Konsequenz
Wenn Sie die Aufgabe bleiben lassen würden, hätte das irgendwelche Konsequenzen? Oder kann es sein, dass im Kern niemand bemerken würde, dass die Aufgabe gar nicht erledigt wird? Wenn Sie diese Frage mit nein

beantworten können, sollten Sie die Aufgabe so schnell wie möglich streichen.

A: Alternativen

Gibt es zu der Aufgabe, die Sie erledigen, Alternativen, mit denen Sie das gleiche Ziel erreichen würden? Möglicherweise sogar mit weniger Arbeit? Überlegen Sie genau: Was will ich eigentlich mit der Aufgabe erreichen? Welches Ziel verfolge ich? Wenn Sie nun feststellen, dass Sie das gleiche Ziel auch mit weniger Aufwand erreichen könnten, arbeiten Sie gerade für die Katz.

T: Torpedo

Torpediert das Projekt andere Dinge, die Sie eigentlich machen wollen, bei denen Sie aber häufiger sagen: „Eigentlich müsste ich es ja tun, aber mir fehlt die Zeit dazu"? Torpediert die Aufgabe neue Ideen? Überlegen Sie, was Sie tun würden, wenn Ihnen das Projekt unvermittelt weggenommen würde und Sie plötzlich Zeit hätten, sich um Neues zu kümmern. Was würden Sie tun? Eingefahrene Abläufe überarbeiten? Neue Produktideen entwickeln? Neue Ideen für eine bessere Kundenbindung ausarbeiten? Oder vielleicht der Bürokratie im eigenen Unternehmen zu Leibe rücken und sie durch bessere Abläufe ersetzen?

Z: Ziele

Haben sich die Ziele für die Aufgaben möglicherweise verändert? Häufig ist es so, dass wir einer Aufgabe hinterherjagen, nur weil sie auf unserer Liste steht. Und wir vergessen dabei vollkommen, dass sich die Ziele mittlerweile vielleicht verändert haben könnten. Und damit arbeiten wir Aufgaben ab, die gestern zwar Sinn gemacht haben, aber heute definitiv für die Katz sind.

Sie werden sehen, was für ein befreiendes Gefühl es ist, alle ein bis zwei Wochen ein Viertel der eigenen Aufgaben entweder ersatzlos zu streichen, durch Alternativen zu ersetzen, mit denen das gleiche Ziel erreicht wird, oder so zusammenzustutzen, dass sie schnell von der Aufgabenliste verschwinden und erledigt werden können. Das einzige, was Sie jetzt noch tun müssen, ist, die Zeit zur Ideengenerierung und -entwicklung zu nutzen. Wie Sie das genau tun können, finden Sie im beispielhaften Sechswochenplan zur Entwicklung neuer Ideen, den Sie am Ende dieses Kapitels finden.

So schaffen Sie ein Vakuum im Zeitplan Ihrer Mitarbeiter

Dutzende von Personalberatern haben in den vergangenen Jahren Abläufe immer effektiver und effizienter gemacht. Jede Handbewegung, jedes Fingerschnippen und beinahe jeder Atemzug wurden daraufhin analysiert, ob sie zur Wertsteigerung beitragen. In Unternehmen, in denen Menschen praktisch wie Roboter arbeiten, macht das durchaus Sinn. Ideenentwicklung jedoch lässt sich so nicht durchplanen. Schaufeln Sie gemeinsam mit Ihren Mitarbeitern auch deren Terminkalender frei. Sorgen Sie für ein leichtes Vakuum, nicht nur in Ihrem eigenen Terminplan, sondern auch in dem Ihrer Mitarbeiter. Planen Sie gemeinsam mit Ihren Mitarbeitern Entwicklungs- und Forschungszeiten ein. Dafür gibt es ein klares Vorgehen:

- Definieren Sie die Ziele, die Sie in diesem Freiraum erreichen wollen. Legen Sie diese Ziele gemeinsam mit Ihrem Mitarbeiter fest. Fragen Sie nach, ob sich der Mitarbeiter mit diesen Zielen wirklich identifizieren kann und ob er sie mit voller Leidenschaft verfolgen kann (siehe hierzu auch das Kapitel über intrinsische Motivation). Definieren Sie gemeinsam ein Suchfeld für neue Ideen gemeinsam und legen Sie – falls notwendig – Deadlines und Zwischenziele fest.
- Planen Sie gemeinsam mit Ihrem Mitarbeiter die Zeiten, die er bzw. sie zur Verfügung hat. Ist es eine Stunde pro Woche? Sind es vier Stunden pro Woche? Vielleicht ein ganzer Tag? Oder sind es zwei Tage im Monat?

- Legen Sie die Rahmenbedingungen fest. Soll Ideenentwicklung einzeln oder in einem Team erfolgen? Dürfen Externe einbezogen werden oder nicht? Wie viel Geld für eventuelle Reisen, Recherchen oder vielleicht freie Mitarbeiter steht zur Verfügung?
- Besprechen Sie, welche Unterstützung Ihr Mitarbeiter von Ihrer Seite aus benötigt. Wo sind Sie als Coach gefragt? Wo können Sie Türen öffnen? Welche Entscheidungen sollten Sie treffen?
- Überlegen Sie gemeinsam, welche Aufgaben dafür von der aktuellen Liste verschwinden sollen. Was ist im Vergleich zu den Zielen, die Sie besprochen und gemeinsam definiert haben, für die Katz?

Dieser letzte Punkt ist außerordentlich wichtig! Ich habe komplette Innovationszentren von Unternehmen kennengelernt, in denen die Mitarbeiter vor lauter Tagesgeschäft und Verwaltung nicht mehr zu dem kamen, wofür ihre Abteilung eigentlich aufgebaut wurde: Zur Entwicklung von Innovationen. Bekämpfen Sie den natürlichen Reflex, Mitarbeitern in der gerade frisch gewonnenen Zeit gleich wieder neue Projekte überzustülpen. So reizvoll dieser Gedanke auch scheinen mag, Sie würden damit das kreative Pflänzchen, das Sie gerade zum Leben erweckt haben, gleich wieder vernichten.

Was tun mit all der Zeit? Ihr Sechswochenplan zu neuen Ideen

Sie haben in diesem Buch bereits das Edison-Prinzip kurz kennengelernt, einen strukturierten Weg der Ideengenerierung und -entwicklung. Die sechs Schritte des Edison-Prinzips können Sie problemlos in Ihren Alltag integrieren. Nehmen wir an, Sie haben sich in jeder Woche vier Stunden Zeit für Ideenentwicklung eingeplant: Drei Stunden Forschungszeit und eine Stunde Entwicklungszeit. So können Sie sie nutzen:

Woche 1: Suchen Sie nach neuen Problemen und neuen Chancen

In der ersten Woche beschäftigen Sie sich ausschließlich damit, neue Probleme zu finden, alte Probleme aus einem neuen Blickwinkel zu bewerten oder bekannte Probleme systematisch zu hinterfragen:

- Wenn Sie neue Dienstleistungen, Produkte oder Geschäftsmodelle entwickeln möchten: Treffen Sie sich mit Kunden zu informellen Gesprächen. Versuchen Sie herauszubekommen, was Ihren Kunden derzeit Schwierigkeiten bereitet und welche Herausforderungen sie zu bewältigen haben. Achten Sie in diesem Gespräch nicht nur auf die offensichtlichen Probleme, die Ihnen Ihr Kunde schildert. Versuchen Sie durch eigene Beobachtungen herauszubekommen, ob es Probleme gibt, die Ihr Kunde als solche vielleicht noch gar nicht erkannt hat. Zwei Tage später haben Sie sich eine Stunde Entwicklungszeit eingeplant. Setzen Sie sich mit einem Kollegen zusammen und überlegen Sie gemeinsam, welche Chancen sich für Ihr Unternehmen und speziell für Sie und Ihr Team daraus ergeben.
- Wenn Sie eine Verbesserung von Prozessen planen: Setzen Sie mit Ihren Mitarbeitern ein Meeting auf, das das Ziel hat, mindestens zehn relevante Probleme und Zeitfresser in Abläufen zu identifizieren. Vergeben Sie vor dem Meeting Arbeitsaufträge: Mitarbeiter erhalten die Aufgabe, einzelne Prozesse zu zerlegen und genau aufzuzeigen, wo es zu Schwierigkeiten und Verzögerungen kommt. Im Meeting hinterfragen Sie die Schwierigkeiten und versuchen, den Problemen so tief wie möglich auf den Grund zu gehen.
- Wenn Sie neue Vertriebsideen generieren möchten: Fragen Sie Menschen, die Ihre Kunden sein könnten, aber es nicht sind, nach ihren Gründen. Was bewegt sie, Ihr Angebot nicht in Betracht zu ziehen? Ist der Vertriebsweg verkehrt? Ist der Preis zu hoch? Sind die Produkte zu austauschbar? Oder fehlen die Nutzenargumente?

Woche 2: Denken Sie über neue Lösungswege nach

Zur systematischen Ideenentwicklung ist es wichtig, das haben Sie bereits gelesen, nicht sofort dem erstbesten Einfall zu folgen, sondern das Potenzial möglicher Lösungswege zunächst einmal voll zu erkunden.

- Überlegen Sie, auf welche Arten und Weisen Sie die Probleme Ihrer Kunden besser lösen könnten. Durch eine neue Service-Dienstleistung? Ein neues Produkt? Eine neue Kooperation? Oder etwas anderes? In Ihrer Recherchezeit sprechen Sie mit Kollegen und Freunden aus anderen Branchen über das Problem. Sie holen sich Anregungen durch neue Perspektiven. In Ihrer Entwicklungszeit entwickeln Sie systematisch neue Fragen für die verschiedenen Suchrichtungen.
- Für die Prozessverbesserung überlegen Sie, auf wie viele verschiedene Arten und Weisen sich das Problem lösen lassen könnte: Auf eine technische Art und Weise? Durch eine Veränderung von Abläufen und Zuständigkeiten? Oder indem Sie auf Teilprozesse verzichten?
- Als Grundlage für die Generierung von Vertriebsideen kategorisieren Sie die Ursachen, die Sie herausgefunden haben, und überlegen, auf welchen Wegen Sie Ihre Nichtkunden davon überzeugen könnten, doch noch Kunden zu werden.

Woche 3: Suche nach Inspirationen

Diese Woche steht ganz im Zeichen der Recherche. Sie informieren sich kreuz und quer, suchen nach Lösungen aus anderen Bereichen, treffen sich mit Experten, die Ihnen wertvolle Tipps geben können, oder nutzen soziale Netzwerke, um sich Anregungen von draußen zu holen. Sie recherchieren, wie andere Branchen das Problem lösen, besuchen eine fachfremde Messe oder lassen sich in eher außergewöhnlichen Bereichen wie der Biologie oder der Kunst inspirieren. Bei der Suche nach Inspirationen ist nur eines wichtig: Ein Ziel. Manchmal raten Ihnen kreative Querdenker Dinge wie: „Geh heraus und schau dir einen abgesägten Baum an." Das ist im Prinzip nicht verkehrt. Doch die wichtige Frage lautet: Warum? Wenn Sie an einem neuen Vertriebskonzept arbeiten, kann es durchaus passieren, dass Sie einige Stunden vor dem Baum sitzen, aber nichts passiert. Dann wäre es möglicherweise effektiver, Vertriebskonzepte anderer Branchen zu studieren. Wenn Sie aber an einem neuartigen Abwasserfilter arbeiten, könnte das Kapillarsystem des Baums möglicherweise wertvolle Anregungen bieten.

Woche 4: Die Woche der Ideen

Die Inspirationen aus der letzten Woche haben Sie inzwischen so aufbereitet, dass sie wertvolle Ideenvorlagen liefern. Setzen Sie sich gleich am Montag ein Ziel: Bis Freitag zwanzig neue Ideen zur Lösung des Kundenproblems. Dreißig neue Ideen für die Optimierung des Prozesses. Oder vierzig neue Vertriebsideen. Ziehen Sie sich zurück – alleine, mit Kollegen oder mit Ihrem Team. Treffen Sie sich außerhalb der Firma, machen Sie aus der Ideengenerierung ein kleines Fest. Lassen Sie dabei aber das Ziel nicht aus den Augen. Natürlich können Sie auch fünfzig Ideen generieren. Oder sechzig. Das ist in Ordnung.

Woche 5: Entwickeln Sie Konzepte

Nachdem der Rausch der Ideenfindung vorbei ist und ein Wochenende dazwischen liegt, gehen Sie entweder alleine oder gemeinsam mit Kollegen an die Auswahl der besten Ideen. Wählen Sie die drei bis fünf besten Ideen aus und entwickeln Sie ein erstes Konzept. Besser noch: Sie entwickeln verschiedene Konzeptalternativen, indem Sie nacheinander verschiedene Merkmale Ihrer Ideen aufschreiben und verändern. Die Methode dazu haben Sie im Abschnitt „Die fünf großen Irrtümer über Kreativität" bereits kennengelernt. Die morphologische Matrix hat sich als Kreativitätstechnik hier sehr bewährt. Nehmen Sie eine Tabelle. Füllen Sie die einzelnen Spalten mit den Merkmalen aus, die Sie an der Idee verändern können. Bei einem Gegenstand sind es beispielsweise: Form, Farbe, Material, Größe etc. Bei einer Dienstleistung sind es: Name, Umfang, Nutzen, Preismodell etc.

Beim Ausfüllen der einzelnen Spalten sind die W-Wörter hilfreich:

- Wer (soll den Gegenstand kaufen)?
- Wie (soll der Gegenstand geformt sein)?
- Welche (Farbe soll der Gegenstand haben)?
- Worin (besteht der Nutzen)?
- Wie (groß ist der Umfang)?
- Und so weiter

Woche 6: Entwickeln Sie Ideen, um Hindernisse zu überwinden

„Darf man Ideen kritisieren?" Selbstverständlich! Ohne die härteste Kritik werden Ideen niemals erfolgreich. Ideen müssen geschärft werden, sie brauchen Kritik, an der sie wachsen können. In der sechsten Woche lassen Sie Ihre Ideen zerreißen! Nutzen Sie den ersten Teil Ihrer Kreativ-Zeit, um Ihre frischgebackenen Konzepte der härtesten Kritik auszusetzen. Notieren Sie alle Kritikpunkte und gehen Sie sie nacheinander durch:

- Sind Killerargumente dabei, die Sie veranlassen, die Idee nicht weiter zu verfolgen?
- Sind Argumente dabei, die Sie ignorieren können?
- Sind Argumente dabei, die Sie dazu bringen, die Idee und das Konzept noch einmal zu überarbeiten?

Wandeln Sie die Gegenargumente erneut in Chancen um. Machen Sie daraus einen Aktionsplan zur Umsetzung Ihrer kreativen Konzepte.

Sie sehen, dass kreative Ideenentwicklung nichts damit zu tun hat, sich auszuruhen, seine Zeit sinnlos zu vertrödeln oder gar sich vor der Arbeit zu drücken. Im Gegenteil: Wenn Sie sich und Ihr Team systematisch von Zeitfressern befreien, schaffen Sie Luft für etwas, das Sie heute noch nicht kennen. Wenn Sie aber methodisch an die Ideenentwicklung herangehen, können Sie Ihre Chancen auf wirklich geniale Ideen deutlich erhöhen.

Wahrscheinlich haben Sie beim Lesen des Sechswochenplans gemerkt: Ideenentwicklung geht weit über das hinaus, was klassischerweise als Brainstorming bezeichnet wird. Ideenentwicklung ist auch etwas, was nicht einfach mit der Anwendung einer Kreativitätstechnik geschieht. Thomas Edison hat nicht umsonst gesagt: *„Genie ist 1 Prozent Inspiration und 99 Prozent Transpiration."* Sie merken sicherlich auch, dass eine systematische Methodik die Chance auf wirklich geniale Ideen deutlich erhöht. Sie angeln nicht irgendwo, sondern dort, wo erfahrungsgemäß viele Fische sind und beißen. Somit können Sie durch geschickte Zeitplanung und guten Methodeneinsatz dem Zeitplan der Fische ein Schnippchen schlagen.

6.5 Harmonie ist der Tod jeder Innovation – So etablieren Sie eine kreative Streitkultur

Stellen Sie sich eine typische Beziehung zweier typischer Couch-Potatoes vor: Julia und Horst, beide Ende 40, beide Bewegungsmuffel, beide resistent gegen jede Form von Diät und Fitness. Horst hat zwar manchmal das Gefühl, er müsse sich mehr bewegen, aber er will Julia nicht weh tun, denn er weiß ja schließlich, dass sie Sport ungefähr so attraktiv findet wie eine Zahlungserinnerung vom Finanzamt.

Julia hingegen würde gerne häufiger einmal etwas Gesundes auf den Tisch bringen. Dummerweise müsste sie Horst ins Gesicht sagen, dass sie ihn zu dick findet, und das würde unweigerlich zum Streit führen. Wenn Horst fetten Schweinebraten mit Knödel haben möchte, antwortet Julia: „Aber gerne doch, mein Schatz, Hauptsache es schmeckt dir." Horst verhält sich dabei wie eine alte Eiche. Jedes Jahr kommt ein neuer Jahresring hinzu, sein Umfang wächst.

Beide wollen gerne schlank und fit werden. Die Chance, dass sie es schaffen, ist kleiner als die von einem Kometen getroffen zu werden. Warum? Zu viel Harmonie. Vielleicht kennen Sie es aus Familien, in denen es jeder jedem recht machen möchte. Da wird allein die Diskussion über die Auswahl des Mittagessens ein Akt, der den Vormittag füllt.

„Was möchtest du essen?" – „Ja das, was du gerne magst. Was möchtest du denn?" – „Ich möchte gerne das, was du nimmst. Entscheid du doch mal." – „Nein, ich möchte nichts entscheiden, dir soll es doch schmecken." Und so weiter und so weiter ...

Ähnlich geht es im Team zu. Wenn Sie sagen: „Wir verstehen uns alle prima, denken ähnlich und sind uns immer einig", sollten Sie schleunigst etwas ändern. Sie brauchen den kreativen Streit. Nicht um des Streits willen, sondern weil der Streit um die beste Lösung ein wesentlicher Bestandteil von Kreativität ist. Deshalb gibt es bei Intel ein Kommunikationsprinzip, das sich „Constructive Confrontation" nennt – eine Art der Kommunikation, bei der Widerspruch nicht nur gewünscht ist, sondern aktiv gefördert wird. Ich möchte Ihnen den Unterschied zwischen operativer Effektivität und Kreativität mit einem Beispiel verdeutlichen. Stellen Sie sich vor, Sie sind Einsatzleiter einer Spezialtruppe bei der Polizei und haben die Aufgabe, ein Haus zu stürmen, in dem Geiseln festgehalten werden. Sie befehlen laut: „Angriff!" Da meldet sich der erste und sagt: „Ich finde das ist noch ein bisschen früh; wir sollten erst die Psyche des Geiselnehmers noch ein bisschen prüfen." Der nächste sagt: „Die Gefahr ist zu groß, der Geiselnehmer könnte sich bedrängt fühlen und in Panik geraten." Und wiederum ein anderer sagt: „Wir sollten die Sache einfach aussitzen, der Geiselnehmer wird schon irgendwann aufgeben."

Es ist effektiv, wenn alle Mitglieder der Spezialtruppe wie ein Uhrwerk funktionieren, ihren Job so schnell wie möglich erledigen, auf den Überraschungsmoment setzen und den Geiselnehmer überwältigen. In diesem Fall brauchen Sie ein hohes Maß an Harmonie: Alle Ihre Mitarbeiter sollen möglichst gleich engagiert und mit einem möglichst homogenen Vorgehen handeln. Möglicherweise ist es aber nicht die beste Lösung. Vielleicht macht es wirklich Sinn, die Motive des Geiselnehmers näher zu hinterfragen, Strategiealternativen zu planen oder die Situation einfach auszusitzen. Der Vorteil dieser Variante: Sie erhalten viel mehr Handlungsoptionen und neue Ideen. Dabei ist ein zu hohes Maß an Harmonie eher schädlich. Das, was Sie operativ stark gemacht hat, macht Sie kreativ schwach. Und natürlich ist es wichtig zu unterscheiden, wann welcher Weg eingeschlagen wird. Wenn sich die Geiselnahme zuspitzt, ist keine Zeit mehr für Diskussionen.

Wägen Sie ab: Effektivität oder Kreativität

Bei der Etablierung von kreativem Denken im Unternehmen lautet eine wichtige Frage: „Wie viel Effektivität ist mir Kreativität wert?" Jede Kritik, jeder Widerspruch, jede neue Option kostet Zeit. „Diese Zeit habe ich nicht!" Wirklich? Die folgenden fünf Fragen helfen Ihnen zu entscheiden, ob Sie in der momentanen Situation Effektivität oder Kreativität benötigen. Es geht dabei nicht um eine radikale Entscheidung. Kreative Prozesse werden Ihr Unternehmen, Ihre Abteilung oder Ihr Team nicht in den Ruin treiben, doch die Erarbeitung einer Lösung dauert in jedem Fall länger, als wenn Sie mit bewährten Methoden bewährte Ergebnisse erzielen.

Abbildung 17: Die Abwägung – Operative versus kreative Exzellenz

Mit den folgenden Aussagen können Sie prüfen, ob Sie in Ihrer Abteilung eher Effektivität oder Kreativität benötigen. Die Auswertung können Sie auch auf einzelne Teams, Prozesse oder sogar konkrete Aufgaben anwenden.

Effektivität	Kreativität
Ich brauche vor allem schnelle Lösungen. Zwar bin ich mir bewusst, dass es möglicherweise noch eine bessere gibt, aber das ist momentan unwichtig.	Ich brauche keine bewährten Lösungen, sondern die besten Lösungen.
Die bisherigen Lösungsansätze haben sich bewährt, momentan werden keine Alternativen benötigt.	Die bewährten Lösungsmöglichkeiten haben ihre Schwächen, allerdings haben wir bisher keine Alternativen gefunden.
Das Umfeld ist stabil geblieben, es gibt kaum neue Kundenwünsche oder Anforderungen seitens der Zielgruppe der Idee.	Das Umfeld hat sich geändert oder wird sich in naher Zukunft rasch ändern durch neue technische Entwicklungen, neue Trends, neue Kundenbedürfnisse etc.
Der Prozess lässt sich problemlos standardisieren. Es kommt vor allem auf Perfektion an, der Einzelne kann daran wenig ändern.	Kaum ein Prozess gleicht dem anderen. Der Input jedes Beteiligten entscheidet über Erfolg oder Misserfolg von Prozessen und Projekten.
Mein Team und ich werden hauptsächlich an der Prozesseffektivität gemessen. Weil das Ergebnis ohnehin feststeht, geht es darum, wie ein Uhrwerk zu funktionieren und möglichst schnell zu sein.	Mein Team und ich werden vor allem am Ergebnis gemessen. Wie wir dorthin gekommen sind, spielt eine geringere Rolle.

So entkommen Sie der Harmonie-Falle

Beziehen Sie Menschen in den Entscheidungsprozess ein, die anders denken, andere Lösungsansätze mitbringen und Ihre bisherigen Vorgehensweisen infrage stellen. Fordern Sie diese Menschen zur kreativen Zerstörung des Bestehenden auf. Dies kann in Form einer Konferenz geschehen, in der Sie bewusst etablierte Lösungsansätze infrage stellen wollen, dies kann durch Mitarbeiter sein, die Sie einem Projektteam zeitweilig zuordnen, dies können Arbeitsgruppen sein aus Mitarbeitern, deren Denkweisen möglichst weit auseinander liegen. Oder es kann eine Teammischung sein, die aus unterschiedlichen Charakteren mit unterschiedlichen Hintergründen besteht.

Achten Sie darauf, dass sich Ihre Mitarbeiter dabei nicht die Köpfe einschlagen! Stellen Sie sicher, dass jede Form der Kritik und des Widerspruchs rein sachlich und konstruktiv ist. Verbieten Sie jede Form von persönlichem Angriff. Eine wirksame Übung dazu ist der heiße Stuhl. Setzen Sie entweder sich selbst oder einen Kollegen, der den bisherigen Lösungsansatz vertritt, symbolisch auf einen heißen Stuhl. Fordern Sie alle Anwesenden dazu auf, die Schwächen und Probleme der bewährten Herangehensweise schonungslos offenzulegen und zu kritisieren. Die wichtigste Regel bei dieser Übung: Es darf nichts Nettes gesagt werden. Sobald Mitarbeiter abwägen müssen, ob sie Gutes oder Schlechtes sagen, kommt Politik ins Spiel. Im zweiten Schritt nehmen Sie die Kritikpunkte, geben sie in Arbeitsgruppen und fordern diese Gruppen auf, neue Lösungsansätze zu entwickeln.

Die neue Widerspruchskultur und die vielen anderen Denkansätze werden Ihnen häufig auf den Geist gehen. Sie werden sich nach den Zeiten zurücksehnen, in denen Sie harmonisch in einem kreativen Vakuum gelebt haben. Aber Sie werden auch spüren, dass Sie viele neue Ideen und Herangehensweisen erhalten.

7.
Ideenentwicklung im Alltag

Zum Ende noch einmal zwei sehr pragmatische Abschnitte. Zwei Maß-nahmen, mit denen Sie kurzfristig neue Ideen generieren können, sind Innovationsworkshops und interne Meetings. Ich möchte Ihnen kurz die wichtigsten Voraussetzungen für das Gelingen bzw. Scheitern eines Work-shops schildern und Ihnen eine Moderationstechnik vorstellen, mit der Sie – ohne es groß anzukündigen – Mitarbeiter auf neue Ideen bringen.

7.1 Ideenfindung im Innovationsworkshop: Ihre Checkliste für bessere Ideen

Viele Unternehmen veranstalten zur Ideenfindung einen Innovations-workshop. Dort versuchen sie mithilfe von Kreativitätstechniken Ideen zu entwickeln – für neue Produkte und Problemlösungen, Geschäftsmodelle und Prozesse. Leider oft erfolglos. Woran liegt es, dass Ideen dann, wenn sie sprudeln sollten, es nicht tun? Wenn statt einem reißenden Fluss im Innovationsworkshop ein dünnes Rinnsal entsteht? Daran dass bei der Ideenfindung die Rahmenbedingungen erfolgsentscheidender sind als die Methode. Erfolgreiche Workshops zeichnen sich durch fünf Faktoren aus.

Erfolgsfaktor 1: Kreativität braucht Beschränkungen!

„Lassen Sie uns doch mal ganz offen an die Ideenfindung herangehen. So ganz ohne Beschränkungen." Wenn Sie so offen an die Ideenfindung herangehen, ist der Misserfolg vorprogrammiert. Beschränken Sie das Suchfeld radikal! Bei einer zu allgemeinen Fragestellung ist die Gefahr groß, dass sich die Teilnehmer gedanklich verzetteln. Dass Beschränkungen Kreativität eher fördern als behindern, haben Sie im Google-Beispiel erfahren. „Kreativität liebt Beschränkungen" ist ein zentraler Leitsatz der Ideenfindung bei Google.

Ein Beispiel:
Teilnehmer sollen ein neues Cockpit-Design für einen Sportwagen entwickeln. Und weil es besonders neu und innovativ sein soll, geben Sie keine Beschränkungen vor. Die Garantie für viele Spinnergedanken mit eingeschränktem Nutzwert. Die Ideen werden entweder zu teuer oder zu verspielt, sie passen nicht zur Zielgruppe etc. Das Problem: Die Suchfragen sind oft viel zu allgemein formuliert: „Wie kann ein Cockpit aussehen, das die Hälfte kostet?" ist eine andere Frage als: „Wie kann ein Cockpit aussehen, das die Hälfte kostet, aber nach Luxus aussieht?"

Abhängig vom Ziel sollten die Teilnehmer eventuell auch wissen: Soll es ein interaktives Cockpit sein? Und wenn ja, mit welcher Technik soll es ausgestattet sein? Oft entscheidet ein Wort in der Suchfrage darüber, ob die Ideensuche gezielt erfolgt oder die Teilnehmer nur unstrukturiert Gedanken zusammentragen, die nicht weiterführen.

Erfolgsfaktor 2: Fordern Sie das Unmögliche!

„Wir werden im Innovationsworkshop mal erste Ideen entwickeln und dann sehen, wie wir sie umsetzen." Falsch! Verlangen Sie nicht erste Ideen, verlangen Sie erfolgreiche Ideen. Sagen Sie nicht: „Wir wollen mal sehen, was wir umsetzen können", sondern: „Die Idee soll in sechs Monaten auf dem Markt sein."

Große Ideen wurden noch nie durch mittelmäßige Vorgaben erreicht. Thomas Edison ging mit Vorliebe an die Erfindungen heran, von denen alle sagten, sie seien unmöglich. Und erinnern Sie sich an die Rede von John F. Kennedy. Als er 1962 verkündete, dass die NASA zum Mond fliegen wolle, galt das Vorhaben als technisch unmöglich.

Haben Sie keine Angst davor, das Unmögliche zu fordern! Aber nutzen Sie diese Methode als Stimulanz, nicht als Druckmittel. Sie werden sehen: Die Köpfe beginnen zu sprudeln.

Erfolgsfaktor 3: Suchen Sie die richtigen Teilnehmer!

Viele Innovationsworkshops scheitern, weil die Teilnehmer falsch ausgewählt wurden. Unterscheiden Sie zwischen Tüftlern und Visionären. Tüftler sind „Problemknacker" – also Menschen, die sich gerne mit Details befassen und (technische) Probleme sofort erkennen. Sie wissen bei neuen Ideen aber mindestens ebenso schnell, warum diese „nie funktionieren" – noch bevor sie die Ideen geprüft haben.

Wenn Sie zu viele Tüftler zum Workshop einladen, die zudem denselben Erfahrungshintergrund haben, finden Sie keine wirklich neuen Lösungen. Übrigens, die meisten Mitarbeiter in den Unternehmen sind Tüftler. Tüftler im technischen Bereich, Tüftler im Präsentationsbereich, Tüftler im Marketingbereich, Tüftler im Bereich der Finanzen oder Zahlen. Der Tüftlertyp ist keineswegs auf Ingenieure beschränkt.

So erhalten Sie einen Erfolg versprechenden Personen-Mix für Ihren Innovationsworkshop

Möglichkeit 1: Tüftler und Visionäre mischen

Visionäre ticken anders als Tüftler. Sie sehen bei der Ideenfindung das große Ganze. Sie kümmern sich aber wenig um solche „Details" wie die technische Machbarkeit. Visionäre stellen jedoch Fragen wie: „Können wir nicht auch mit einer Art Beiboot (sprich Mondlandekapsel) auf dem Mond landen?" „Muss eigentlich die gesamte Crew auf den Mond? Reicht es nicht, wenn zwei Astronauten dort landen und einer im Mondorbit bleibt?" Visionäre stellen Fragen und bringen Ideen ein, bei denen die Tüftler spontan die Hände über dem Kopf zusammenschlagen. Die Visionäre sind es auch, die sagen: „Wir fliegen irgendwann zum Mars." Und zwar bereits zu einem Zeitpunkt, wenn die Tüftler noch darüber brüten: „Wie kommen wir auf den Mond?"

Mischen Sie in Ihren Workshops Visionäre mit Tüftlern – und zwar im richtigen Verhältnis. Wenn zu viele Visionäre im Raum sind, dann haben Sie am Schluss zahlreiche tolle (Produkt- oder Problemlösungs-)Ideen. Diese haben aber einen Haken: Sie sind nicht umsetzbar. Sei es aus technischen Gründen oder weil Ihr Betrieb kein Weltkonzern mit scheinbar unerschöpflichen Ressourcen ist. Wenn die Visionäre beim Mondflug der Apollo 11 allein das Sagen gehabt hätten, wären die Astronauten in einer Luxuskapsel zum Mond geflogen und dort bequem gelandet. Sie wären aber nicht zurückgekommen – weil das Zurückbeamen leider nicht, wie von den Visionären erträumt, funktioniert hätte. Wie schade!

Möglichkeit 2: Tüftler mit verschiedenem Background mischen

Sie möchten als Autoindustriezulieferer ein neues, interaktives Cockpit entwickeln. Dann können Sie Tüftler aus Ihrer Organisation mit Tüftlern aus anderen Branchen mixen. Etwa mit Tüftlern aus dem Mobilfunkbereich. Mit Tüftlern aus dem Bereich der Geldautomatenentwicklung. Oder mit Tüftlern aus der Softwareentwicklung. Wichtig ist: Sie müssen die Tüftler gezielt auswählen. Fragen Sie sich: Welche Kompetenzen benötigen wir im Workshop? Wo finde ich solche Experten? Wie bringe ich sie zusammen? Und: Wie schaffe ich es, dass sie sich verstehen? Denn die Tüftler bei einer Softwareschmiede oder bei einem Mobilfunkanbieter sprechen möglicherweise ein anderes Fachchinesisch als Ihre Tüftler. Also lautet eine zentrale Frage: Verstehen sich diese Experten überhaupt, wenn der eine von modernen Algorithmen und der andere von Kunststoffkrümmungsgraden spricht?

Fragen Sie sich als Organisator des Workshops, bevor Sie über dessen personelle Zusammensetzung entscheiden: Welchen Charakter haben die Ideen, die wir suchen? Geht es eher um das Entwickeln neuer Problemlösetechniken oder von Zukunftsvisionen? Wenn Sie den Ideencharakter sauber bestimmen, fällt es Ihnen leichter, die Frage, wer am Workshop teilnehmen soll, zu beantworten.

Erfolgsfaktor 4: Stehlen Sie fremde Ideen!

Pfui! Das klingt böse! Ist es aber nicht. Für den Erfolg eines Kreativ Workshops ist eine systematische Suche nach möglichen Inspirationsquellen wichtig. Für die meisten Probleme gilt: Irgendwo auf der Welt hat irgendjemand schon etwas Ähnliches vorgedacht. Sie wollen die nächste Generation von Geldautomaten entwickeln? Warum lassen Sie sich dann nicht von den Anbietern interaktiver Computerspiele und Problemlösungen aus anderen Bereichen inspirieren?

Eines der größten Probleme im Innovationsworkshop ist: Die Ideenfindung beginnt bei Null. Kaum sind die Teilnehmer im Raum, sollen sie auf Knopfdruck kreativ sein und schmoren dabei vielfach nur im eigenen Saft – speziell wenn sie derselben Organisation angehören. Übersehen wird: In tausenden von Unternehmen weltweit wurden schon clevere Lösungen entwickelt. Warum sollten Sie diese nicht als Inspirationsquelle nutzen?

Abbildung 18: Stehlen Sie fremde Ideen

So hatte zum Beispiel ein Brausegetränkehersteller das Problem: Wenn Kunden seine Flaschen öffneten, spritzte die klebrige Flüssigkeit immer wieder heraus – aufgrund des Überdrucks. Also organisierte er einen Innovationsworkshop zur Ideenfindung für einen neuen Flaschenverschluss. In dem Workshop verallgemeinerten die Teilnehmer zunächst die Fragestellung wie folgt: Wie kann man vermeiden, dass ein in einem geschlossenen Behälter bestehender Überdruck nach dessen Öffnung „explosionsartig" nach draußen abgegeben wird? Danach fragten sich die

Teilnehmer: In welchen Branchen stehen die Produktentwickler vor derselben Herausforderung? Eine Antwort lautete: in der Tauchindustrie beim Entwickeln von Tauchflaschen beziehungsweise -geräten. Also ermittelten die Teilnehmer im nächsten Schritt: Wie lösen deren Hersteller dieses Problem? Und so wurde allmählich ein neuer Flaschenverschluss entwickelt.

Die Ideen dazu waren gestohlen. Aber irgendwie auch nicht. Die Kreativität der Teilnehmer bestand vor allem darin, die Inspirationen zu übertragen.

Erfolgsfaktor 5: Motivation! Motivation! Motivation!

Was ist der wichtigste Erfolgsfaktor für Kreativität? Die US-Wissenschaftlerin Teresa Amabile hat eine einfache Antwort: Motivation. Ideenfindung muss Spaß machen, ein Innovationsworkshop ein Erlebnis sein. Das heißt nicht, dass Sie ein Fünf-Sterne-Hotel anmieten müssen. Sondern, dass Sie eine Moderation sicherstellen, die die Teilnehmer zum ungewöhnlichen Denken animiert.

Einen guten Moderator für Ihren Innovationsworkshop erkennen Sie daran: Fokus auf das wichtigste Ziel – Erfolg. Und Qualitäten, die ihn problemlos für einen Animationsjob im Ferienklub qualifizieren würden. Einer der wichtigsten Treiber im Workshop ist Humor. Bei der Ideenfindung dürfen Sie nicht nur lachen. Sie sollen es sogar. Viel Spaß!

7.2 Mit dem APFEL zu neuen Ideen – Moderations- techniken für die Kreativkonferenz

Was tun Sie, um auf neue Ideen zu kommen? Sie treffen sich im Team zum Brainstorming, definieren ein klares Ziel und schalten – zack zack – von Alltag auf kreativ um. Die wichtigste Regel nicht vergessen: Es gibt keine Regeln. Dann beginnen die Köpfe zu sprudeln, Geistesblitze durchzucken den Raum und lösen beinahe die Sprinkler-Anlage aus. Schon haben Sie neue Ideen. Klingt fast zu schön um wahr zu sein. Die Realität sieht häufig anders aus: Keine Geistesblitze, sondern maximal kleine Funken. Wenn es um die Anforderungen moderner Unternehmen geht, ist Brainstorming eine der schlechtesten Methoden.

Im Unternehmensalltag hat sich eine Reihe von Fragetechniken jenseits von „Lass uns mal brainstormen" bewährt. Merken Sie sich einfach das Stichwort APFEL. Eine Eselsbrücke, die verschiedene Kreativtechniken zu sammenfasst:

A Assoziationen – Die Basistechnik der kreativen Themenfindung
P Perspektivenwechsel – Ideenfindung durch den Wechsel der eigenen Position
F Fragetechniken wie die „Unbekannt"-Fragen
E Ebenenwechsel – Die Kunst, Fragestellungen zu abstrahieren und ge- danklich abzuheben
L Lotteriemethode – Ideenfindung mithilfe zufälliger Inspirationen

Mit dem APFEL im Kopf können Sie den Prozess der Ideenfindung in einer Gruppe sehr gut steuern. Das Raffinierte: Sie können die Techniken nach- einander nutzen, sodass sie aufeinander aufbauen. Erst Assoziationen ent- wickeln, dann Fragen zu den Assoziationen stellen. Oder: Assoziationen bilden und dann die Ebene wechseln. Oder: Aus verschiedenen Perspektiven Fragen bilden.

Assoziationen wecken – der Einstieg in die Kreativrunde

Saugen Sie zunächst einmal die naheliegenden Einfälle ab, so wie Sie es wahrscheinlich häufiger tun. Ja, tatsächlich, Sie starten mit der banalsten aller banalen Fragen: „Hat jemand Ideen?" Dann geht es in die Tiefe. Fordern Sie die Teilnehmer auf, zwei Minuten lang alles herunterzuschreiben, was ihnen zu einem bestimmten Thema einfällt. Schreiben Sie diese Stichworte in Form eines Mindmap an ein Flipchart. Oder noch besser: Sie hängen leere Flipchart-Blätter an die Wand und fordern die Teilnehmer auf zu schreiben. Silent Thinking heißt diese Methode. Wunderbar. Alle halten den Mund. Das funktioniert besser als Sie denken. Mit Assoziationen haben Sie eine gute Ausgangsbasis.

Perspektivenwechsel – der Blick aus einer anderen Richtung

Versetzen Sie die Teilnehmer in eine andere Rolle. Anstatt zu fragen: „Was fällt Ihnen zum Thema ein?", vergeben Sie Rollen. Entweder reale Rollen:

- „Sie sind ein frustrierter Kunde. Was denken Sie zum Thema?"
- „Sie sind der Innovationschef unserer Mitbewerber. Welche Gedanken haben Sie?"

Oder fiktive:
- „Sie sind BILD-Journalisten. Wie sieht Seite 1 zum Thema aus?"
- „Sie sind ein Comedian und machen einen Gag über das Thema. Welchen?"

Fiktive Perspektiven führen zu vollkommen neuen Sichtweisen. Viele davon können Sie im Anschluss gleich wieder aussortieren, dafür aber erhöhen Sie die Chance auf wirklich kreative Zufallstreffer deutlich. Kombinieren Sie den Perspektivenwechsel mit Assoziationen! Betrachten Sie Assoziationen aus verschiedenen Perspektiven!

Fragen: Erkunden Sie das unbekannte Terrain

Die wirkungsvollste Fragetechnik im Kreativmeeting ist die „Unbekannt"-Frage. Fordern Sie Ihre Mitdenker auf, alles aufzuschreiben, was sie NICHT über das Thema wissen. Lassen Sie dies in Fragen formulieren. Beschränken Sie sich nicht! Schreiben Sie innerhalb von fünf Minuten ALLE Fragen auf, die Ihnen zum Thema kommen.

Kombinieren Sie Unbekannt-Fragen!
- Stellen Sie sie aus verschiedenen Perspektiven: „Was weiß eine Mutter nicht über das Thema?" „Welche Fragen stellt sich ein Politiker, wenn er an das Unternehmen denkt?" etc.
- Bilden Sie zuerst Assoziationen und fragen Sie dann: „Was wissen Sie nicht über diesen Begriff?"

Ebenenwechsel: Heben Sie geistig ab!

Beim Ebenenwechsel geht es darum, schnell von der konkreten auf die abstrakte Ebene und wieder zurück zu wechseln. Sie suchen nach einem neuen Anwendungsgebiet für Ihre Software. Bislang war es eine Projektmanagementsoftware. Was könnten Sie noch damit anfangen? Wechseln Sie auf die abstrakte Ebene. Projektmanagementsoftware hilft Menschen, komplexe Dinge zu strukturieren. Und wieder zurück auf die konkrete Ebene: Was kann oder muss man noch alles strukturieren?

So wird aus der Projektmanagementsoftware eine Konferenzstruktursoftware oder eine Prozessgestaltungssoftware. Der Ebenenwechsel eignet sich immer dann, wenn Sie vorhandene Lösungen übertragen wollen. Sie kennen die Antwort schon, aber suchen noch nach den passenden Fragen. Stellen Sie sich vor, jemand kommt zufällig vorbei, sieht Ihre Lösung und sagt: „Wow! Genau das brauche ich." Wie lautete seine Frage?

Lotteriemethode: Der Zufall regiert

Die total verrückte Methode, die außerhalb jeder Wertung liegt. Sie macht unglaublich viel Spaß und führt Ihr Team zu wirklich ausgefallenen Ideen. Sie spielen Inspirationslotto: Teilen Sie Ihre Kreativgruppe in Zweierteams auf. Nehmen Sie wahllos irgendwelche Bilder oder Begriffe und werfen Sie sie in den Raum. „Bergbahn!" „Pförtner!" „Aprikosensaft!" Die Teams haben sechzig Sekunden Zeit, beispielsweise eine Idee für eine Marketingkampagne oder Verkaufsidee zu generieren, die im weitesten Sinne irgendetwas mit der Ausgangsfrage und der Zufallsinspiration zu tun hat. Diese Methode ist praktisch nicht zu beschreiben. Probieren Sie sie einfach aus. Am besten zum Schluss. Dann werden sich Ihre Mitdenker voller Freude an die Session erinnern und gerne wiederkommen.

8.
Der „Return on Creativity" – Was nützt Kreativität?

Ich hoffe, dass ich Sie in diesem Buch dafür sensibilisieren konnte, dass Unternehmen, die im kreativen Wettbewerb bestehen wollen, sich künftig intensiver als bisher mit Kreativität und kreativen Prozessen im Unternehmen beschäftigen müssen. Aus unserer Studie, die ich Ihnen im ersten Kapitel vorgestellt habe, ist deutlich geworden, dass Corporate Creativity in vielen Unternehmen bereits ein fester Bestandteil der Wachstumsstrategie geworden ist. Diese Unternehmen gehen in einen ständigen Spagat zwischen Effektivität und Kreativität, zwischen Freiheit und Reglementierung. Sie haben erkannt, dass ungelenkte Kreativität im Unternehmen sinnlos ist, Kreativität sich aber andererseits nicht in normale Prozesse zwängen lässt. Ein normaler Prozess mit festen Abläufen und Zuständigkeiten, Meetings und Kriterien, Formalien und Vordrucken tötet jeden Anflug kreativen Handelns. Ein Grund, warum Bernard Arnault, Vorstandsvorsitzender des Luxuskonzerns LVMH, der Designerkleidung von Dior und Parfüm von Kenzo vertreibt, sagt: *„Wenn Sie unter Kreativen wie ein typischer Manager handeln – mit Regeln, Policies, Konsumentendaten und so weiter – werden Sie Talent schnell töten".* LVMH kennt keine starren Innovationsprozesse, stattdessen sucht der Konzern nach Künstlern mit starkem kommerziellen Interesse. Nach Designern, die ihre Kollektionen auf der Straße sehen wollen. LVMH lässt sich auch durch typische Marktforschung nur bedingt leiten: Kenzo Flowers, ein Parfüm, dessen Verpackung an eine Blume erinnert, ist aufgrund des außergewöhnlichen Designs durch die Marktforschung gefallen. Der Konzern brachte es trotzdem auf den Markt – mit riesigem Erfolg.

„Das sind alles nette Beispiele", werden Sie jetzt denken. „Doch wie soll ich im Vorstand oder gegenüber meinem Chef argumentieren, welche Vorteile es hat, Kreativität zu etablieren? Die wollen einen klaren Nutzen hören." Was haben Sie davon, wenn Sie Mitarbeitern Freiräume zur Ideengenerierung geben? Worin besteht der Nutzen, wenn Sie Mitarbeiter einstellen, die nicht in das klassische Profil passen? Und welchen betriebswirtschaftlichen Mehrwert bringt eine Risiko- und Experimentierkultur? Im letzten Kapitel möchte ich Ihnen diesen Nutzen konkret aufzeigen.

Warum Sie einen kreativen Buchhalter brauchen

Machen Sie einmal folgendes Experiment: Bewerben Sie sich bei einem Unternehmen als Buchhalter und schreiben Sie in die Bewerbung, dass „Kreativität" eine Ihrer großen Stärken ist. Ich gehe jede Wette ein, dass Sie Ihre Bewerbung schneller zurück haben, als Sie bis hundert zählen können. Geben Sie bei Google einmal die Suchbegriffe „kreative Buchhaltung" ein, dann wissen Sie warum: In der Politik spricht man von „kreativer Buchhaltung", wenn 58 Millionen Euro im Bundeshaushalt fehlen und niemand weiß genau warum. Oder wenn strittige Beträge einfach aus dem offiziellen Budget ausgeklammert werden. Über eine Schweizer Bank heißt es, dank ihrer kreativen Buchhalter hätte der Verlust nicht 30 Milliarden, sondern nur 20,9 Milliarden betragen. Und sogar beim Verkauf von Pferden wird „kreative Buchhaltung" lediglich als „Umgehungsgeschäft" beschrieben, das heißt, sie dient der Steuerhinterziehung. Kein Wunder, dass Sie – wenn Sie offiziell verkünden, dass Sie in Ihrem Unternehmen kreative Buchhaltung betreiben – Ihre größten Freunde nicht im Kreis des zuständigen Finanzamts finden werden.

Wollen Sie einen kreativen Buchhalter haben? Ja, natürlich! Nur eben keinen, der Ihnen die Bilanzen fälscht. Sondern jemanden, der beispielsweise systematisch Ihre Abläufe hinterfragt und überlegt, wie die Buchungsprozesse einfacher und schneller gestaltet werden können. Jemanden, der die Darstellung in hochkomplexen Excel-Tabellen radikal vereinfacht. Und jemanden, der laut die Frage stellt: „Können wir nicht endlich Taxibelege abschaffen?"

Was bringt Ihnen ein kreativer Buchhalter? Er verschlankt die Prozesse, senkt den Verwaltungsaufwand und spart damit Geld. Er stellt Informationen so dar, dass nicht nur er sie versteht, sondern auch andere, die damit täglich zu tun haben. Einer unserer Kunden, die Finanzabteilung einer großen Brauerei, hatte folgenden Grund, sich mit Kreativität zu beschäftigen: Die Abteilung erstellt jeden Monat Finanzanalysen, mit denen sich die Führungskräfte aber nicht wirklich beschäftigen. Die Präsentation der Zahlen gerät zur Pflichtveranstaltung. Die einen ignorieren sie, weil sie eine Allergie gegen Tabellen haben, die anderen langweilt es, weil es seit Jahren immer das gleiche ist. Das hat den Chef der Abteilung dazu veranlasst, nach neuen Darstellungswegen zu suchen: Einer neuen Art der Aufbereitung und einer neuen Art der Präsentation. Mit dem Ziel, die angeblich so trockenen Zahlen spannend und nachvollziehbar aufzubereiten. Damit Führungskräfte Verschwendung schneller und besser aufspüren können.

Was Kreative in der HR-Abteilung zu suchen haben

Auch in anderen Abteilungen ist Kreativität eine wertvolle Ressource. Den konservativ geprägten Mitarbeiter aus der Personalabteilung erkennen Sie daran, dass er als wichtigstes (und manchmal sogar einziges) Instrument der Personalwerbung an eine Stellenanzeige denkt. Die Position wird ausgeschrieben, aus der Vielzahl der Bewerbungen werden diejenigen herausgesucht, die passen könnten, dann werden die Kandidaten zum Vorstellungsgespräch eingeladen und so weiter. Kreative Mitarbeiter hinterfragen, ob das klassische Bewerberprofil, das seit Jahren gesucht wird, dem Unternehmen wirklich gut tut. Sie denken darüber nach, welche zusätzlichen Kommunikationskanäle das Unternehmen schaffen kann: Einen Live-Chat auf der Homepage, eine Fanseite bei Facebook, eine eigene XING-Gruppe. Und sie fragen sich, ob man das klassische Auswahlverfahren nicht durch andere Methoden ersetzen kann: Kurzpraktika, Arbeit an konkreten Problemen, temporäre Mitarbeit an konkreten Projekten etc.

Bei der Gestaltung von Verträgen und Anreizen setzen weniger kreative HR-Mitarbeiter auf das klassische Instrumentarium: Festanstellung mit Festgehalt, möglicherweise variables Gehalt. Kreative HR-Mitarbeiter überlegen ständig: Gibt es andere Anreize, die wir setzen können? Wenn junge Akademiker für 2.000 Euro im Monat in einer Werbeagentur arbeiten, warum müssen wir dann so viel Geld bezahlen? Und spätestens wenn andere sagen: „Wir haben nicht genügend Geld, um die wirklich guten Bewerber zu bekommen", antworten kreative HR-Mitarbeiter: „Dann müssen wir eben spannendere Aufgaben und Herausforderungen als die anderen bieten."

Wenn es um die Konzeption der Weiterbildung geht, bieten weniger kreative Mitarbeiter aus der Personalentwicklung das Standardprogramm an Seminaren an. Kreative Mitarbeiter fragen sich ständig: „Ist es das, was unsere Mitarbeiter wirklich brauchen?" „Wie nachhaltig ist ein Seminar?" „Gibt es nicht effektivere Lernformen?"

Worin also besteht der Nutzen kreativer Mitarbeiter im Personalwesen? Auch hier wird Geld gespart, aber nicht nur dadurch, dass – wie in der Buchhaltung – festgeschriebene Prozesse effektiver gestaltet werden. Sondern dadurch, dass Methoden ständig hinterfragt, neue Prozesse aufgesetzt und ausprobiert werden. Mit dem Ziel, Personalwerbung effektiver zu gestalten. Nicht mehr 500 Bewerbungen aus der FAZ abarbeiten, sondern durch ein verbessertes Kandidatenscreening mehr Fokus und weniger Verwaltungsaufwand erzielen. Wenn die bewährten Wege in der Weiterbildung ständig hinterfragt werden und wenn das Unternehmen kontinuierlich neue Wege ausprobiert, steigt die Qualität. Ich spreche hier aus Erfahrung: In den Seminaren der Ideeologen haben wir seit einigen Jahren das 70-30-Prinzip. 70 Prozent bewährte Methoden, bewährte Übungen, bewährte Inhalte, 30 Prozent vollkommen neu: Ein neues Lerntool, eine neue Übung, ein interaktives Handout, ein Mailcoaching mit speziell entwickelten Cartoons etc. Regelmäßig probieren wir zusammen mit nervenstarken Kunden vollkommen neue Dinge aus.

Bei den neuen Wegen werden einige in der Sackgasse enden, das haben Sie in diesem Buch ja bereits gelesen. Die Zahl Ihrer Fehler wird sich deutlich erhöhen. Aber die Qualität Ihrer Weiterbildung wird auf Dauer deutlich steigen, weil sich das Repertoire bewährter Methoden ständig vergrößert.

Und weil sich das Alte ständig mit dem Neuen messen muss. Dabei überlebt übrigens mitunter auch das Bewährte. Aber eben nur so lange, bis sich eine der neuen Methoden als besser erweist.

Warum Querdenker dem Aufsichtsrat nützen

Welchen Vorteil bringt Kreativität im Aufsichtsrat? Das Klischee besagt, dass sich dort gesetzte Herren treffen und bei Wein und Zigarre den Jahresabschluss einer Aktiengesellschaft abnicken. Fragen Sie Dr. Henning Kreke, den Vorstandsvorsitzenden der Douglas Holding AG, und Sie werden ein anderes Bild bekommen. Er schätzt es, Querdenker im Aufsichtsrat zu haben wie beispielsweise Bernd M. Michael, den langjährigen CEO der Werbeagentur Grey, einen der renommiertesten Markenexperten Europas. *„So jemanden als Mitglied im Aufsichtsrat zu haben, ist sehr wertvoll"*, sagte Kreke auf einer Veranstaltung an der Handelshochschule Leipzig. *„Er bringt viele gute Anregungen für den Vorstand ein."*

Inspirierende Menschen im Aufsichtsrat eines Unternehmens sind gerade dann wichtig, wenn diese Unternehmen vor großen Zukunftsherausforderungen stehen. So wie die Thalia-Buchhandlungen, eine Tochtergesellschaft der Douglas Holding AG. *„Der Buchbranche droht durch die Digitalisierung genau das, was der Musikindustrie passiert ist"*, so Kreke. *„Da ist guter Rat teuer. Deshalb wird intensiv darüber gesprochen, wie die Zukunft aussehen könnte."* Kreativität – nicht als Selbstzweck, sondern als Möglichkeit, neue Ideen zu bekommen. Nicht alle neuen Ideen werden nachher wirklich umgesetzt, das ist auch gar nicht der Anspruch. *„Kein Querdenken um des Querdenkens willen"*, betont Kreke. Sondern jemanden mit anderen Denkweisen und großem Wissen in einem Bereich, der für das Unternehmen wichtig ist. So gesehen macht es für die DOUGLAS-Gruppe Sinn, einen Markenexperten im Aufsichtsrat zu haben. Das Unternehmen lebt schließlich von seinen Marken.

Ein Unternehmensvorstand, der direkten Zugang zu Menschen mit neuen Ideen hat, erhält vielfältige neue Sichtweisen auf die Herausforderungen der Zukunft und zahlreiche neue Handlungsoptionen. Alleine die Tatsache, dass über Lösungen statt über Probleme diskutiert wird, bringt das Unternehmen in eine neue Position: Raus aus der Defensive, rein in die Offensive. Wenn neue Probleme auftauchen oder wenn sich Märkte schneller als erwartet ändern, hilft es dem Unternehmen, adaptiver zu werden: Wenn der Vorstand regelmäßig über konkrete neue Ideen und Wege diskutiert, wenn die oberen Spitzen eines Unternehmens für Plan B, C und D bereits sensibilisiert sind, kann das Unternehmen schneller reagieren und schneller entscheiden.

Wenn Sie heute einen Buchverlag leiten, wen hätten Sie lieber um sich herum? Einen konservativen Vertreter der Branche, der Ihnen vorschwärmt, wie schön die Siebzigerjahre waren? Oder einen ausgewiesenen Experten für den Aufbau von Geschäftsmodellen im Internet? Wenn Sie einen Automobilkonzern in die Zukunft führen wollen, wen wünschen Sie sich als Gesprächspartner? Jemanden, der durch die Vergangenheit geprägt ist, oder jemanden, der in die Zukunft blickt? Und wenn Sie eine Krankenkasse leiten, wer bringt Ihnen neue Sichtweisen? Ein Gesprächspartner, der Ihnen täglich erzählt, wie schwer die Lage ist und wie kurzsichtig die Politik handelt? Oder ein Experte für Innovation im Medizinbereich?

Kreativität hat auch hier einen klaren Nutzen. Sie trägt dazu bei, Unternehmen zukunftssicher zu machen und die Existenz von morgen zu sichern.

Kreativität ist nicht das Ziel – sondern der Weg dahin

Ich habe eine Reihe von Aufgaben und Tätigkeitsbereichen aus Unternehmen beispielhaft herausgestellt. Diese Aufstellung ließe sich beliebig erweitern. Aber es ist nicht das Ziel, in diesem Buch alle Tätigkeitsbereiche innerhalb eines Unternehmens aufzulisten, sondern Ihnen deutlich zu machen, worin der Wert von Kreativität liegt. Wenn es heißt, „Unternehmen müssen kreativer werden", ist das kein Selbstzweck. Kreativität ist nicht das Ziel, sondern der Weg dahin. Ziele können sein:

Schlankere Prozesse im Finanzwesen. Auf dem Weg dahin benötigen Sie Kreativität, um Schwachstellen wirksam zu analysieren, neue – auch quergedachte – Wege in Betracht zu ziehen und eine Vielfalt möglicher Lösungsansätze zur Auswahl zu haben. Damit Sie sich am Ende nicht für die zweit- oder drittbeste Lösung entscheiden müssen, weil es keine genialen Ideen gab, sondern für die beste Lösung, die zu diesem Zeitpunkt zur Verfügung stand. Und damit Sie morgen eine noch bessere Lösung finden. Kreativität heißt: Niemals stillstehen.

Gezieltere Ansprache von Bewerbern. Wenn Sie neue Wege in der Personalwerbung gehen wollen, müssen Sie sie praktisch erfinden. Wer sagt Ihnen, ob Sie qualifizierte Bauingenieure eher über die Fachpresse, eine Veranstaltungsserie an Hochschulen oder über soziale Netzwerke wie Facebook und studiVZ finden? Sie müssen es ausprobieren.

Zukunftsorientierte Geschäftsmodelle. Analysen, Trendstudien und Marktforschung sind wichtig, aber irgendwann müssen Sie den Sprung ins kalte Wasser wagen. Ausprobieren, was funktioniert. Und weil Sie mit hoher Wahrscheinlichkeit dabei einige Bauchlandungen machen werden, ist es wichtig, inspirierende Menschen um sich herum zu haben, die nicht gleich beim ersten Problem sagen: „Habe ich doch schon immer gewusst, dass es nicht funktioniert."

Verdeutlichen Sie sich, was Sie durch mehr Kreativität im Unternehmen erreichen wollen. Das ist der erste und mit Abstand der wichtigste Schritt. Kreativität – das habe ich in diesem Buch bereits betont – ist nur dann eine sinnvolle Ressource, wenn Sie in die richtigen Bahnen gelenkt wird, wenn sie hilft, mutige Ziele zu erreichen, und wenn sie dazu beiträgt, Unternehmen flexibler, adaptiver und offensiver zu machen. Diese Form von

Kreativität braucht Menschen mit Mut und Begeisterung. Diese Menschen finden sich in Unternehmen auf allen Ebenen. Ich habe sie kennengelernt und arbeite täglich mit ihnen. Die nächste große Herausforderung der Wirtschaft wird darin bestehen, eine Kultur zu schaffen, in der dieser Mut und diese Begeisterung gefördert wird – und nicht durch langwierige Meetings und komplizierte Prozesse auf der Strecke bleibt. Innovation ist mehr als jeder andere Bereich im Unternehmen durch Leidenschaft geprägt. Die Aufgabe der Zukunft wird es sein, dieses Feuer der Leidenschaft zu entzünden und jeden Tag am Brennen zu halten. Damit Sie in Ihrem Unternehmen künftig viel häufiger sagen können: „Was für eine geniale Idee!"

Genial ist kein Zufall

Jens-Uwe Meyer, Henryk Mioskowski
Genial ist kein Zufall
Die Toolbox der erfolgreichsten
Ideenentwickler

248 Seiten; 2013; 24,80 Euro
ISBN 978-3-86980-193-3; Art-Nr.: 898

Woher haben großartige Erfinder, Designer und Entwickler ihre Ideen? Wie entwickeln innovative Unternehmen neue Produkte, Geschäftsmodelle und Dienstleistungen? In diesem Buch erfahren Sie es: Erfolgreiche Ideenentwicklung hat System!

Erstmals öffnen die Ideeologen®, Deutschlands kreativste Innovationsexperten, ihre Toolbox zur Entwicklung genialer Ideen. Sie lernen systematisch aufeinander aufbauende Techniken kennen, die Sie Schritt für Schritt zu neuen Ideen bringen. Sie erhalten eine einzigartige Sammlung von Methoden für den gesamten Kreativprozess: Von der Identifizierung neuer Chancenfelder über die Entwicklung von Fragestellungen und die Vertiefung bestehender Ideenansätze bis zur Generierung, Optimierung und Bewertung von Ideen.

Jeder in diesem Buch beschriebene Schritt der systematischen Ideenentwicklung wurde in Hunderten von Projekten erfolgreich erprobt und weiterentwickelt. Dieses Buch wird Sie in die Lage versetzen, geniale Ideen zu generieren und erfolgreich umzusetzen.

„Geniale Ideen entwickeln und umsetzen ist schwer. Das geht nicht auf Knopfdruck. Das unterscheidet das Ideenfinden von der Suppentütenzubereitung. Doch in diesem Buch findet der ernsthafte Leser die entscheidenden Werkzeuge die eigene Kreativität systematisch zu wecken und zu nutzen. Mir gefällt dieser ehrliche, realistische Ansatz der Autoren und man spürt beim Lesen die jahrelange Erfahrung von Meyer und Mioskowski."

(Tillmann Luther, Amazon Top-50 Rezensent)